エンジニア入門シリーズ

知識ゼロで読める！
EMC・ノイズ対策超々入門ガイド
EMCって何？から規格も対策も

［著］

泉 誠一

科学情報出版株式会社

まえがき

　本書は、エンジニアではない方々に向けた EMC（Electromagnetic Compatibility）の超入門ガイドです。電子機器が私たちの日常生活に欠かせない存在となった今日、EMC の基本知識を持つことはますます重要になっています。

　皆さんは、携帯電話やテレビ、家庭用電化製品など、様々な電子機器をご利用されていることでしょう。しかし、これらの機器が互いに干渉せずに正常に動作するためには、EMC についての理解が必要です。
　セールスエンジニア（Sales Engineer）を仕事としておられる皆様は、技術的な知識と営業スキルを組み合わせて、製品やサービスを顧客に提案し、売り込む役割を果たしておられます。技術的な観点では下記の 2 点を考慮され活動されていると考えます。
・技術的なサポート：お客様に対して、製品やサービスの技術的な詳細を説明し、質問に答えることで、お客様が製品やサービスを正しく理解し、その価値を把握できるようにサポートします。
・技術的な課題の解決：お客様が製品を導入する際に発生する技術的な課題や障害に対処し、解決策を提供します。これにはトラブルシューティングやカスタマイズが含まれます。
製品の安全性をお客様に説明し理解して頂くために、電磁波に関して、
どのような製品からどのような電磁波が発するのでしょうか？
電磁波が周囲の機器や人体にどのような影響を及ぼすでしょうか？
製品の安全性をどのように検証し法令への適合性を示すでしょうか？
　本書を読んでお客様に正しい情報を伝えて下さい。

　各章の概要をご紹介します。
第 1 章：EMC（電磁両立性）とは何か
　EMC（電磁的両立性）とは一体何なのか、電子機器が発する電磁波が周囲に及ぼす影響とは何か、EMC 対策についても詳しく解説します。

▶ まえがき

第2章：EMC 設計の基本原則

EMC 設計の目的、グランディングとシールディングの基礎、電源回路と信号経路の設計ポイントについて解説します。

第3章：EMC 評価とテストの基礎

EMC 評価の目的、EMC 評価に必要な標準規格、EMC 評価の方法について解説します。

第4章：日常生活での EMC に関する事例

日常生活での EMC に関する事例（家庭環境、オフィス環境など）を紹介し、その対策について解説します。

第5章：EMF（電磁場）の健康への影響と対策

EMF（電磁場）の健康への影響と対策を紹介、安全な電子機器の選択と使用方法について解説します。

第6章：EMC トラブルシューティングと解決策

EMC に関わるトラブルの特定と原因の調査と解決手法、必要な場合、専門家への相談と適切な対応策について解説します。

本書は、エンジニア以外の方々でもわかりやすく、EMC に関する基本的な知識を身につけるための手引書です。電子機器を効果的かつ安全に使用するために、ぜひ本書を活用していただければ幸いです。

本書を読んで頂き、より EMC・ノイズ対策を深く学びたい方は是非『月刊 EMC』を読むことをお勧めしたい。EMC 設計・ノイズ対策に関してはもちろん、最新の EMC 規格の解説など EMC に関して最も質の高い情報を掲載しています。

https://www.it-book.co.jp/EMC/index.html

目　　　次

まえがき

第1章　EMC（電磁両立性）とは何か

1－1　電磁両立性（EMC）の基本概念 ································· 3
　1－1－1　EMC の基本原則 ································· 3
　1－1－2　EMC の評価基準 ································· 10
　1－1－3　EMC の設計プロセス ························· 19
1－2　電子機器から発する電磁波と周囲への影響 ········ 23
　1－2－1　電子機器からの電磁波の発生源 ············· 23
　1－2－2　電磁波による影響の種類 ····················· 24
　1－2－3　影響を受けやすい機器 ······················· 28
　1－2－4　エミッション（EMI）の発生源··············· 30
1－3　自動車の EMC 対策 ································· 33
1－4　EMC 対策の必要性とは ·························· 35

第2章　EMC 設計の基本原則

2－1　EMC 設計の基本 ································· 41
2－2　グランディングの基本原則························· 44
2－3　シールディングの基本原則························· 47
　2－3－1　シールディングの種類····················· 48
　2－3－2　シールディングの重要性····················· 49
　2－3－3　シールディングの原理····················· 51
2－4　電源回路と信号経路の設計ポイント ··········· 53
　2－4－1　スイッチング電源の設計ポイント ··········· 53
　2－4－2　プリント基板の設計ポイント ··········· 55

▶目次

2－4－3	プリント基板のレイアウト設計	57
2－4－4	プリント基板の多層化	60
2－4－5	コモンモードノイズと対策	62
2－4－6	ディファレンシャルモードノイズと対策	65

第3章　EMC 評価とテストの基礎

3－1	電磁波障害とは	73
3－1－1	電磁波ノイズの伝搬経路	74
3－1－2	電磁波障害の評価	76
3－2	EMC 規格とコンプライアンス	80
3－2－1	EMC 規格の概要	80
3－2－2	主な EMC 規制と認証制度	81
3－2－3	コンプライアンスと適合プロセス	83
3－3	EMC 試験所	85
3－3－1	設備の要件	85
3－3－2	試験所運営の要件	87
3－3－3	技術者の要件	87
3－4	電源線・伝導エミッション試験法	89
3－4－1	試験規格	89
3－4－2	測定装置	91
3－4－3	始業前点検	96
3－4－4	測定配置	97
3－4－5	測定手順	105
3－5	放射エミッション測定法（～1 GHz）	110
3－5－1	試験規格	110
3－5－2	測定装置	113
3－5－3	始業前点検	118
3－5－4	供試機器（EUT）の配置	118
3－5－5	測定手順	124

3－6　測定時の EUT 動作条件及び試験信号仕様　・・・・・・・・・・・・128
　　3－6－1　CISPR 32 ・・・・・・・・・・・・・・・・・・・・・・・・・・・・・・・・・・・128

第4章　日常生活での EMC に関する事例

4－1　家電機器の EMC 問題と解決策 ・・・・・・・・・・・・・・・・・・・・・・・・・・・136
　　4－1－1　家電機器の電磁障害の例 ・・・・・・・・・・・・・・・・・・・・・・・・136
　　4－1－2　家電機器の電磁障害対策 ・・・・・・・・・・・・・・・・・・・・・・・・138
4－2　オフィス環境での電子機器の相互干渉 ・・・・・・・・・・・・・・・・・・・140
4－3　安全な電子機器の選択と使用方法 ・・・・・・・・・・・・・・・・・・・・・・・143
　　4－3－1　電子機器の選択 ・・・・・・・・・・・・・・・・・・・・・・・・・・・・・・・143
　　4－3－2　電子機器の使用方法・・・・・・・・・・・・・・・・・・・・・・・・・・・・149
4－4　実際に生じた EMC 問題の事例 ・・・・・・・・・・・・・・・・・・・・・・・・・・156

第5章　EMF（電磁場）の健康への影響と対策

5－1　電磁場の健康への懸念 ・・・・・・・・・・・・・・・・・・・・・・・・・・・・・・・・・162
5－2　モバイルデバイスやワイヤレス技術の EMF 対策 ・・・・・・・・・・・166
　　5－2－1　モバイルデバイスの EMF ・・・・・・・・・・・・・・・・・・・・・・166
　　5－2－2　モバイルデバイスの EMF 対策 ・・・・・・・・・・・・・・・・・・167

第6章　EMC トラブルシューティングと解決策

6－1　EMC トラブルシューティング ・・・・・・・・・・・・・・・・・・・・・・・・・・174
6－2　EMC トラブルシューティング：解決策・・・・・・・・・・・・・・・・・・179
6－3　専門家への相談と適切な対応策・・・・・・・・・・・・・・・・・・・・・・・・・185

索引 ・・188

第1章

EMC（電磁両立性）とは何か

1－1　電磁両立性（EMC）の基本概念

　電磁両立性（Electromagnetic Compatibility：EMC）は、多くの電子機器が使用される環境において、電子機器から発する電磁波および使用環境に存在する電磁波による干渉から生じる問題に対処するための原則や手法の総称です。電子機器の EMC 対策は、他の機器やシステムに対して優れた電磁環境を提供するとともに、外部環境からの電磁波によって発生する電磁干渉から影響を受けずに正常に動作することを目指しています。

1－1－1　EMC の基本原則

　EMC（電磁両立性）は、その言葉が示すように電気・電気機器が置かれた電磁環境に適用することを指します。つまり、電気・電子機器が、その動作の過程で発する電磁ノイズで周囲環境を汚染しないこと、また、既に環境に置かれた電気・電子機器や無線機器（携帯電話を含む）により発する電磁ノイズ環境下に、新たに持ち込む電気・電子機器が正常に動作し続けることが電磁的に調和のとれた環境と言えます。

　この現象を下記のように定義します。
・電子・電気機器から発する電磁ノイズを「エミッション（EMI）」と定義
・電磁ノイズ環境下での使用を想定して、その電磁ノイズに電気・電子機器が耐えることができる能力を「イミュニティ（EMS）」と定義

　電子・電気機器の EMC をどのように評価すればよいでしょうか。機器から発する電磁妨害の形態、電磁環境下で機器が影響される電磁ノイ

－ 3 －

▶第1章 EMC（電磁両立性）とは何か

ズは、評価すべき試験項目が決められ、標準規格に規定されています。代表的な試験項目を図1-1に示します。

EMCは、電子機器が電磁波による干渉から影響を受けずに正常に動作し、かつ他の機器やシステムに対しても優れた電磁環境を提供することを目指す原則です。

さらに、電子機器が発する電磁波による影響を最小限に抑えるためには、適切な電磁波対策が必要です。以下に、EMCの基本原則と、一般的な電磁波対策のアプローチおよび対策方法を紹介します。

1）エミッション制御（Emission Control）

エミッション制御は、電子機器が発する電磁波を抑制するための対策です。これにより、機器から発生する電磁波が周囲の機器に影響を与え

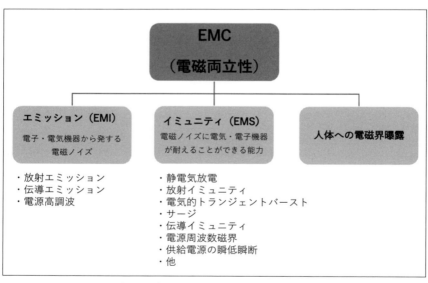

〔図1-1〕EMCの代表的な試験項目

ないようにします。対策手法の事例を紹介します。

・フィルタリング：
　特定の周波数帯域の高周波ノイズを制御するために専用の EMI フィルタを使用します。電源ラインや信号線に EMI フィルタを組み込むことで、ノイズや干渉を軽減することができます。
　ノイズフィルタは、主に電源ラインからのノイズを抑制し、機器の動作を安定化させるために使用されます。また、機器の内部回路から発生するノイズの電源供給ラインへの漏洩を抑制するために使用されます。フィルタは、電源ラインや信号伝送ラインに組み込まれ、外部からのノイズや干渉を減らし、また、外部へのノイズの漏洩を減らします。

・シールディング：
　電磁波を遮蔽するために機器内部の回路基板やコンポーネントを導電性の材料を使用して電磁波を適切に遮蔽し、外部への漏洩を低減、外部からの電磁波の影響を最小限に抑えます。特に高周波信号や高速デジタ

〔図 1-2〕左：フィルタ（拡大）右：フィルタ（実装）

▶第 1 章　EMC（電磁両立性）とは何か

ル回路では、適切なシールドを施すことが重要です。具体的には、金属ケースやシールドケーブルの使用、導電性のフレームを使用して製品の筐体を設計します。

・グランディング（接地）：
　適切な接地設計により、例えば、製品の金属筐体や内部シャーシ、内部回路の接地端子やパターンを接地することで、電磁波を適切な低インピーダンスの接地接続で大地にノイズ電流を逃がし電気的な安定性を確保できます。

・配線設計の最適化：
　電磁波の伝播を最小限に抑えるために、導線の配置や長さを最適化し、高周波ノイズの伝播を制御します。具体的な方法は、異なる接続経路の導線を束ねずに分離する、高周波信号線と低周波信号線を分離する、短い導線を使用するなどです。

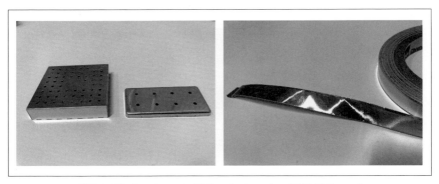

〔図 1-3〕左：シールドボックス　右：導電性テープ

・回路の適切な配置：

　プリント基板上の回路構成、部品配置や配線パターンを工夫し、デジタル処理ブロック、電源回路等の相互干渉を最小限に抑えます。特に高周波信号の配線やノイズ発生源と敏感な回路の配置に注意が必要です。

・適切な部品の選定：

　EMC対策に適した部品（インダクタ、コンデンサ）や部材（導電性テープなど）を選定します。

2）イミュニティ（Immunity）

　イミュニティは、外部からの電磁干渉から機器を守るための対策です。これにより、機器が外部の電磁波に対して耐性があることが保障されます。その対策手法を紹介します。

・シールディング：

　外部の電磁波から機器を遮蔽するためにシールディングを導入します。

・耐電圧設計：

　外部からの電圧変動に対して機器が耐性を持つような設計を行います。

・適切なグランディング（接地）：

　適切な接地設計により、電磁波を伴う高周波電流を外部へ安全に導き出すことができます。

▶第 1 章　EMC（電磁両立性）とは何か

〔図 1-4〕金属製筐体でシールドを強化

3）適切な周波数管理

　周波数管理は、異なる機器やシステムが同じ周波数帯域で競合しないように管理する原則です。これにより、混信や干渉を防ぎます。
　その対策手法を紹介します。
・信号の分離：
　異なる周波数の信号を分離し、干渉を最小限に抑えます。

・フィルタリング：
　特定の周波数帯域の信号を除去するフィルタを使用します。

・周波数帯域の分離：
　無線機器の相互干渉を軽減するために各々の無線機器の運用周波数を分離します。周波数の分離とは、異なる無線機器が使用する周波数帯域を重ならないように設計することで、相互干渉を最小限に抑える手法で

- 8 -

す。具体的には、異なる無線機器に割り当てられた周波数帯域を適切に設計し、それぞれの無線機器が使用する周波数帯域が重ならないようにします。これにより、異なる無線機器同士が互いに干渉するリスクが低くなります。

　また、周波数帯域の幅を広げることで、無線機器同士の周波数帯域が重ならないようにする方法もあります。さらに、周波数の利用状況の監視（Dynamic Frequency Selection：DFS）などの手法も利用されます。DFS は、5GHz 帯（802.11a/n/ac/h）無線機器が軍事や気象レーダー信号を検知し、それらと干渉しないように送信周波数を自動的に切り替える技術です。

4) 適切なコンポーネント選定：

　EMC 規格に準拠したコンポーネントを選定、EMC 対応の IC（集積回路）やモジュールを使用します。

5) デジタル回路の設計：

　デジタル回路の高速スイッチングによるノイズを抑制するために、デジタル回路の適切な設計、コモンモードインピーダンスを安定化させるためにグランドプレーンの使用、ノイズの流出を低減させるためにバイパスコンデンサをノイズ源の近くに配置します。

6) 絶縁と遮蔽：

　電気的な絶縁と物理的な遮蔽により、外部からの電磁波の影響を軽減させます。絶縁材料の使用、導電性コーティング、ノイズ源を覆う遮蔽フードを使用する等の方法があります。

▶ 第 1 章　EMC（電磁両立性）とは何か

7) EMC テストと評価：

　製品を開発・製造する前に EMC テストを実施し、規格に適合していることを確認することが重要です。設計プロセスの各工程で EMC 評価テストを行い、問題が発見された場合は設計の修正と再テストを繰り返します。電子機器の開発段階から終了まで継続的に考慮され、EMC 規格に基づいて実施されなければなりません。製品が EMC に適合していることは、信頼性の向上や法的な規制への遵守につながります。

　こういった基本原則を遵守することによって、電子機器は互いに影響を与えずに共存し、安定した動作を維持することができます。

1－1－2　EMC の評価基準

　まず、EMC 規格について解説します。EMC 規格は国際的な機関で審議され作成されます。その代表的な団体の 1 つ目は CISPR、2 つ目は IEC です。

用語解説（総務省電波利用ホームページから転載）

　CISPR（国際無線障害特別委員会）は、無線障害の原因となる各種機器からの不要電波（妨害波）に関し、その許容値と測定法を国際的に合意することによって国際貿易を促進することを目的として 1934 年に設立された IEC（国際電気標準会議）の特別委員会です。

　組織的には、IEC の特別委員会となっていますが、その地位は IEC の他の専門委員会とは異なり、無線妨害の抑圧に関心をもついくつかの国際機関も構成員となっています。また、ITU-R（国際電気通信連合無線

－ 10 －

通信部門）や ICAO（国際民間航空機関）の要請に応じて無線妨害に関する特別研究を引き受けるなど、他の国際機関との密接な協力体制がとられています。

CISPR は、一般に「シスプル」と読み、フランス語で次のとおり標記されます。

Comité international spécial des perturbations radioélectriques

なお、英語では、次のように標記されます。

International Special Committee on Radio Interference

用語解説（JISC 日本産業標準調査会から転載）

ISO は正式名称を 国際標準化機構（International Organization for Standardization）といい、各国の代表的標準化機関から成る国際標準化機関で、電気・通信及び電子技術分野を除く全産業分野（鉱工業、農業、医薬品等）に関する国際規格の作成を行っています。

国際機関の役割を図 1-5 に示します。

次に、1934 年（昭和 9 年）に設立された IEC（国際電気標準会議）の特別委員会を図 1-6 に示します。この委員会は無線障害の原因となる各種機器からの不要電波（妨害波）に関し、その許容値と測定法を国際的に合意することによって国際貿易を促進することを目的としています。

上記の特別委員会で審議され策定された標準規格が、国や地域の製品認証が組み込まれます。代表的な認証マークを図 1-7 に示します。

特別委員会で審議され策定された標準規格を基に、日本国内で審議する組織を図 1-8 に示します。

EMC の評価基準は、電子機器が電磁波による干渉から影響を受けず

▶第1章 EMC（電磁両立性）とは何か

に正常に動作し、かつ他の機器やシステムに対しても優れた電磁環境を提供することを確認するための基準です。基準は国際的に標準化され、認証マークを表示することでEMCに適合していることが示されます。

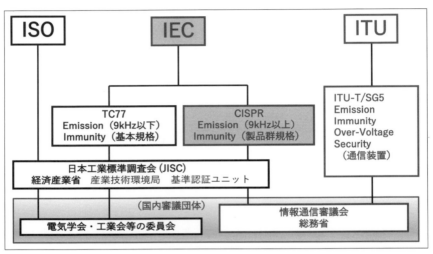

〔図1-5〕国際機関の役割

〔図1-6〕IEC（国際電気標準会議）の特別委員会

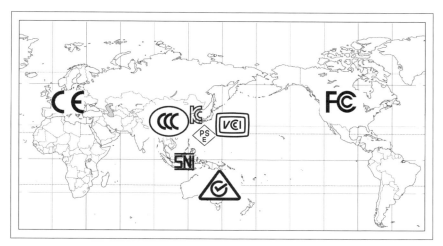

〔図1-7〕国や地域の代表的な認証マーク

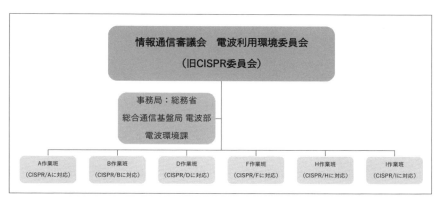

〔図1-8〕日本国内で審議する組織

― 13 ―

▶ 第 1 章　EMC（電磁両立性）とは何か

1）CISPR（国際無線障害特別委員会）規格

規格番号	内容
CISPR 11	工業用、科学用および医療機器－無線周波妨害特性－　許容値と測定法
CISPR 12	車輛、ボートおよび内燃機関－無線周波妨害特性－　非搭載受信器保護のための許容値と測定法
CISPR 13	ラジオ、テレビ放送受信機および関連機器－無線周波妨害特性－　許容値と測定法
CISPR 14-1/-2	電磁両立性家庭用機器、電動工具および類似器具のための要求事項 第 1 部：エミッション 第 2 部：イミュニティ
CISPR 15	電気照明と類似機器の無線妨害特性の許容値と測定法
CISPR 16	シリーズ　無線妨害およびイミュニティ測定装置ならびに測定法のための仕様
CISPR 17	受動 EMC フィルタの抑圧特性の測定法
CISPR 20	ラジオ、テレビ放送受信機および関連機器－イミュニティ特性－　許容値と測定法
CISPR 22	情報技術装置　－無線妨害特性－　許容値と測定法
CISPR 24	情報技術装置　－イミュニティ特性－　許容値と測定法
CISPR 25	車両搭載電子装置　－無線妨害特性－　許容値と測定法
CISPR 32	マルチメディア機器の電磁両立性　－エミッション要求事項－
CISPR 35	マルチメディア機器の電磁両立性　－イミュニティ要求事項－

規格番号	内容
CISPR 16-1-1	無線妨害とイミュニティの測定装置　－測定装置
CISPR 16-1-2	無線妨害とイミュニティの測定装置　－伝導妨害
CISPR 16-1-3	無線妨害とイミュニティの測定装置　－雑音電力
CISPR 16-1-4	無線妨害とイミュニティの測定装置　－放射妨害
CISPR 16-1-5	無線妨害とイミュニティの測定装置　－ 30MHz から 1000MHz のアンテナ校正用オープンサイトの仕様
CISPR 16-1-6	無線妨害とイミュニティの測定装置　－アンテナ校正方法
CISPR 16-2-1	妨害とイミュニティの測定法　－伝導妨害測定
CISPR 16-2-2	妨害とイミュニティの測定法　－雑音電力測定
CISPR 16-2-3	妨害とイミュニティの測定法　－放射妨害測定
CISPR 16-2-4	妨害とイミュニティの測定法　－イミュニティ試験（放送受信機）
CISPR 16-2-5	妨害とイミュニティの測定法　－大型機器のエミッション現地測定
CISPR 16-3	CISPR 技術報告書
CISPR 16-4-1	不確かさ、統計および許容値モデリング　－標準 EMC 測定における不確かさ
CISPR 16-4-2	不確かさ、統計および許容値モデリング　－測定装置の不確かさ
CISPR 16-4-3	不確かさ、統計および許容値モデリング　－量産品の EMC 適合性統計考察
CISPR 16-4-4	不確かさ、統計および許容値モデリング　－許容値計算のためのモデリング
CISPR 16-4-5	不確かさ、統計および許容値モデリング　－代替試験を使用するための条件

－ 14 －

CISPR 規格の一部を紹介します。

・CISPR 11：
「工業、科学及び医療用装置からの妨害波の許容値及び測定法」に関する国際規格

・CISPR 12：
「車両、モータボート及び火花点火エンジン駆動の装置からの妨害波の許容値及び測定法」に関する国際規格

・CISPR 14-1：
「家庭用電気機器、電動工具及び類似機器からの妨害波の許容値と測定法」に関する国際規格

・CISPR 15：
「電気照明及び類似機器の無線妨害波特性の許容値及び測定法」に関する国際規格

・CISPR 16-2-1：
「無線周波妨害波及びイミュニティ測定法の技術的条件　伝導妨害波の測定」に関する国際規格

・CISPR 25：
「車載受信機保護のための妨害波の推奨限度値及び測定法」に関する国際規格

▶第1章 EMC（電磁両立性）とは何か

・CISPR 32：

「マルチメディア機器の電磁両立性－エミッション要求事項－」に関する国際規格

・CISPR 35：

「マルチメディア機器の電磁両立性－イミュニティ要求事項－」に関する国際規格

2) 国際電気標準会議（IEC）規格

規格番号	内容
IEC61000-4-1	IEC61000-4 シリーズの概要
IEC61000-4-2	静電気イミュニティ試験
IEC61000-4-3	放射無線周波電磁界イミュニティ試験
IEC61000-4-4	電気的ファーストトランジェント / バーストイミュニティ試験
IEC61000-4-5	サージイミュニティ試験
IEC61000-4-6	無線周波電磁界によって誘導される伝導妨害に対するイミュニティ試験
IEC61000-4-7	電力供給システム及び接続される機器のための高調波および次数間高調波測定方法および計装に関する指針
IEC61000-4-8	電源周波数磁界イミュニティ試験（-4-9 パルス磁界、-4-10 減衰振動磁界）
IEC61000-4-11	電圧ディップ、短時間停電及び電圧変動に対するイミュニティ試験
IEC61000-4-12	振動波イミュニティ試験（リングウェーブ）
IEC61000-4-13	高調波と次数間高調波低周波イミュニティ試験

・IEC 61000 シリーズ：

電磁両立性に関する総合的な規格。IEC 61000-4 シリーズは特にイミュニティ試験方法に焦点を当てている

・IEC 60601 シリーズ：

医療機器の電磁両立性に関する規格

3) 製品に適用される EMC 規制

区分	適用範囲	国際規格	日本	米国	欧州
製品（群）規格	工業、科学及び医療用（ISM）機器	CISPR11	電波法施行規則 J55011（電気用品安全法）	FCC 47 CFR Part18	EN 55011
	放送受信機と関連機器	CISPR13	J55013（電気用品安全法）	FCC 47 CFR Part15	EN 55013
	家電機器、電動工具および類似機器	CISPR14-1	J55014-1（電気用品安全法）	–	EN 55014-1
	電気照明機器及び類似装置	CISPR15	J55015（電気用品安全法）	FCC 47 CFR Part18（高周波点灯のみ）	EN 55015
	情報技術装置	CISPR22	VCCI 技術基準 J55022（電気用品安全法）	FCC 47 CFR Part15	EN 55022
	マルチメディア機器	CISPR32	（情報通信審議会答申）	FCC 47 CFR art15	EN 55032
	車両、小型船舶、内燃機関駆動装置	CISPR12	JASO 規格 D002	–	EN 55012
	車両、小型船舶搭載の機器	CISPR25	JASO 規格 D008	–	EN 55025
	医療機器	IEC60601-1-2	JIS T 0601-1-2	FCC 47 CFR Part15 IEC60601-1-2	EN 60601-1-2
共通規格	住宅、商業及び軽工業環境	IEC61000-6-3	–	–	EN 61000-6-4
	工業環境	IEC61000-6-4	–	–	EN61000-6-4
基本規格	無線妨害波測定器及び測定法	CISPR16	（情報通信審議会答申）	ANSI C63.2, C63.4, C63.5, C63.6, C63.7, C63.10	EN 55016

・FCC Part 15（米国連邦通信委員会）：

　米国で販売される電子機器に対する EMC に関する規制

・CE マーク（欧州連合）：

　欧州域内で販売される製品には、EMC および安全性に関する基準を満たす必要があり、CE マークが要求される

▶第1章 EMC（電磁両立性）とは何か

4）適用分野ごとの規定

・自動車業界：

		試験規格 E	CISPR	ISO	JAS（日本）	SAE（米国）
実車試験	EMI	広帯域雑音測定	CISPR 12	－	JASO D002	SAE J551-2
		狭帯域雑音測定		－		
		車載受信機保護	CISPR 25	－	JASO D008	SAE J551-4,-5
	EMS	RF イミュニティ試験：車外放射源法	－	ISO 11451-2	JASO D012	SAE J551-11
		RF イミュニティ試験：車載無線機法		ISO 11451-3		SAE J551-12
		RF イミュニティ試験：BCI 法	－	ISO 11451-4		SAE J551-13
		静電気放電試験	－	ISO 10605	JASO D010	SAE J551-15
部品試験	EMI	車載受信機保護	CISPR 25	－	JASO D008	SAE J1113-41
	EMS	RF イミュニティ試験：電波暗室法	－	ISO 11452-2	JASO D011	SAE J1113-21
		RF イミュニティ試験：TEM セル法		ISO 11452-3		SAE J1113-24
		RF イミュニティ試験：BCI 法 / TWC 法	－	ISO 11452-4		SAE J1113-4
		RF イミュニティ試験：ストリップライン法	－	ISO 11452-5		SAE J1113-23
		RF イミュニティ試験：直接電力注入法	－	ISO 11452-7		SAE J1113-3
		磁界イミュニティ（15Hz 〜 150kHz）		ISO 11452-8		
		携帯送信機		ISO 11452-9		
		可聴周波数帯域の伝導イミュニティ		ISO 11452-10		SAE J1113-2
		リバブレーションチャンバー（〜 18GHz）		ISO 11452-11		SAE J1113-27
		静電気放電試験	－	ISO 10605	JASO D010	SAE J1113-13
		過渡電圧試験	－	ISO 7637-2	JASO D007	SAE J1113-42
			－	ISO 7637-3		SAE J1113-12
		電源変動・瞬停・瞬断・リップル	－	ISO16750-2	－	－

・航空宇宙業界：

　RTCA、MIL-STD-461 などが航空宇宙機器の EMC に関する規定を示している。

－ 18 －

これらの評価基準は、製品の設計、製造、および販売の各段階でEMCの遵守を確保し、市場へのアクセスを確保するのに役立ちます。企業はこれらの基準に準拠して製品を評価し、認証を受けることが期待されます。

１－１－３　EMCの設計プロセス

　EMCを考慮した設計は、電子機器が他の機器やシステムと共存し、電磁波の発生や誘導において問題が発生しないようにするために重要です。以下に、EMCの設計プロセスの基本的なステップを示します。

１）EMC要件の定義と規格確認
・EMC要件の明確化：
　製品がどのような環境で使用されるかに基づいて、EMCに関する要

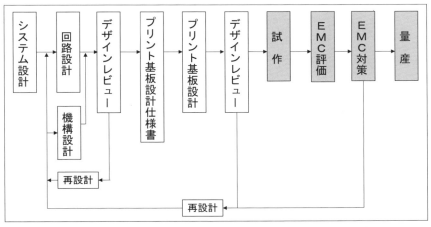

〔図1-9〕設計プロセス

▶ 第 1 章　EMC（電磁両立性）とは何か

件を定義します。

・規格確認：

　製品が準拠するべき規格や規制を確認し、それに基づいて設計要件を決定します。

2）設計段階での EMC の組み込み

・部品配置と配線設計：

　部品の配置や配線を最適化し、高周波ノイズの伝播を最小限に抑えます。

・シールディングの導入：

　シールディング材料を使用して、電磁波の外部への漏れや外部からの影響を防ぎます。

・グランディング（接地）の設計：

　適切な接地設計により、電磁波の外部への漏洩の低減を安全かつ効果的に導き出します。

3）フィルタリングの適用

・電源フィルタリング：

　電源ラインからのノイズを低減するために、適切なフィルタを導入します。

・信号線フィルタリング：

　データラインや通信線などにフィルタを組み込み、電磁波の影響を最小化します。

4）イミュニティ向上のための対策

・外部からの干渉への対策：

　シールディングやフィルタリングなどを使用して、外部からの電磁波に対する耐性を向上させます。

・耐電圧設計：

　電力ラインの電圧変動に対する耐性を向上させます。

5）定期的な測定と評価

・EMC 評価テスト：

　EMC 評価テストを通じて、設計手法が EMC 規格要件に適合していることを確認します。

・修正と再評価：

　評価テストの試験結果に基づいて設計手法を修正し、必要に応じて再評価を行います。

6）EMC 対応性の文書化

・テスト結果と証明書の作成：

　EMC 適合性に関する試験結果や評価結果を文書化し、必要に応じて認証機関や規制当局の求めに応じて提出できるように準備します。

▶ 第 1 章　EMC（電磁両立性）とは何か

・製品マニュアルへの組み込み：

　製品マニュアルや技術文書において、EMC 適合性に関する情報を提供します。

　EMC の設計プロセスは、製品の開発初期から製品化まで継続的に行われるべきであり、各段階での検証や修正が重要です。また、関連する国際的な規格や規制を遵守することが不可欠です。

1－2　電子機器から発する電磁波と周囲への影響

　電子機器から発する電磁波は、周囲の機器やシステム、そして環境にさまざまな影響を及ぼすリスクがあります。以下に、電子機器が発する電磁波とその周囲への影響についての主なポイントを説明します。

1－2－1　電子機器からの電磁波の発生源

　電子機器からの電磁波は、主に以下のような発生源から生じます。これらの発生源は、電子機器が動作する際の内部回路の動作電流や動作電圧が変動することによって発生します。

1) スイッチング電源：

　電子機器の多くはスイッチング電源を使用しています。スイッチング電源は数 kHz ～数百 kHz 程度の周波数で動作し、急激な電流変動を伴うため、これらが電磁波の発生源となります。

2) 高速な信号切り替え：

　デジタル回路の高速信号の ON/OFF 切り替え動作は急激な電流変動を引き起こし、広帯域の電磁波を発生させます。

3) 通信インタフェース：

　通信インタフェースやデータ伝送経路は、データの送受信に伴う電流変動が発生し、それによって電磁波が発生します。例としては、USB、イー

▶ 第 1 章　EMC（電磁両立性）とは何か

サネット、HDMI などがあります。

4) デジタル回路：

　マイクロプロセッサやデジタル回路が動作する際には、それらの回路内で急激な電流変動が発生します。これが電磁波の発生源となります。

5) ワイヤレス通信：

　ワイヤレス通信デバイス（Wi-Fi、Bluetooth、携帯電話）は、電波を送受信するために高周波信号を使用し、周囲に電磁波を発生させます。

6) スイッチング回路：

　スイッチング回路（半導体スイッチ）の切り替え動作も電磁波の発生源です。これは、電子機器の回路がオンとオフを切り替える際に生じます。

　これらの発生源が電子機器内で同時に存在することで、機器が広範囲の周波数帯域で電磁波を発生させることがあります。電子機器の設計者はこれらの電磁波の発生源を正確に把握し、それに対する適切な対策を講じることで、EMC を確保する必要があります。

１－２－２　電磁波による影響の種類

　電子機器が発する電磁波が他の機器やシステムに及ぼす影響は、さまざまな形で現れます。以下に、電磁波による主な影響の種類をいくつか挙げてみましょう。

－ 24 －

1）電磁妨害（エミッション：EMI）：

　電子機器が発する電磁波が他の機器に影響を与え、正常な動作を妨げる現象で、通信の妨害、データの誤り、機器の誤作動などを引き起こします。これは、電子機器が周囲の電磁環境に対して耐性を持っていない場合に発生します。エミッション（EMI）の発生原因については、「1-2-4 エミッション（EMI）の発生源」をご覧ください。

2）電磁感受性（イミュニティ：EMS）、機器の誤動作や不安定性：

　電子機器が発する電磁波や外部からの電磁波が、他の機器の動作に干渉し、誤動作や不安定性を引き起こす可能性があり、センサーの誤作動、計測機器の精度低下、通信の品質低下などを引き起こします。電磁的ノイズの影響を最小限に抑えることで、機器同士の相互運用性が向上します。異なる機器やシステムが互いに影響を与えずに共存できるようになります。

3）放射ノイズ：

　電子機器が周囲に電磁波を放射することにより、他の機器の正常な動作を妨げる可能性があります。このような放射ノイズは、回路の設計や配線の問題、適切なシールドの不足などが原因となります。

4）伝導ノイズ：

　電子機器が電力線や信号線を介してノイズを伝導することがあります。これにより、他の機器の正常な動作が妨げられる場合があります。伝導ノイズは、電源回路や配線の問題が原因となることがあります。

▶ 第1章 EMC（電磁両立性）とは何か

5）静電放電（ESD）：

静電気の放電により、電子機器が損傷を受ける場合があります。これは、ユーザーが電子機器に触れた際に発生する静電気の放電が原因となります。

6）配線の問題：

電子機器の配線が適切に設計されていない場合、放射ノイズや伝導ノイズが発生する可能性があります。また、配線のルーティングやグランディングの問題も EMC トラブルの原因となります。

7）外部の電磁環境：

電子機器が設置されている環境や周囲の電子機器が、EMC トラブルの原因となることがあります。周囲の電磁環境や他の機器の影響を考慮することが重要です。

8）クロストーク（信号の歪みと品質低下）：

電子機器内の信号線や回路が発する電磁波が、他の信号線や回路に結合し影響を与える現象で、電磁的ノイズが信号線や回路に混入すると、信号の混信、ノイズの混入、回路の誤作動、通信の品質が低下し、デジタル通信やデータ伝送が影響を受け、データのエラーが発生する現象で、通信の中断、データの損失、通信速度の低下などを引き起こします。つまり、電磁的ノイズの制御は、電子機器や通信システムの信頼性向上に直結します。信号の歪みや誤動作が少ないほど、製品の品質と性能が向上します。

9）通信の妨害：

　無線通信や有線通信において、電磁的ノイズが通信信号に影響を与え、通信の渉害が発生する課題があります。従って、通信システムにおいて電磁的ノイズが制御されていれば、通信の信頼性が向上します。これは、データの正確な伝送や通信の安定性に寄与します。

10）医療機器への影響：

　特定の医療機器が外部からの電磁波に対して敏感であり、誤動作や不正確な動作を引き起こす現象で、医療診断の誤り、治療機器の不安定な動作などを引き起こします。

11）計測精度の低下：

　精密な計測機器やセンサーが電磁的ノイズによって影響を受けると、計測精度が低下し、正確な計測が難しくなります。

12）機密情報漏洩の危険性：

　電磁波が情報を伝達するため、機密情報が外部に漏洩する危険性がある現象で、セキュリティの脆弱性、情報漏洩リスクの増加などを引き起こします。

13）市場アクセスと法的遵守：

　「1-1-2　EMC の評価基準」で説明したように、電磁的ノイズが各国の規制基準を超えると、製品が法的に許容されないとみなされ、市場アクセスが制限される課題が生じます。適切な EMC 対策は市場アクセスの確保と法的遵守につながります。

▶第1章　EMC（電磁両立性）とは何か

14）ユーザーエクスペリエンスの向上：

　電磁的な問題が発生すると、製品のユーザーエクスペリエンスが低下します。例えば、電磁ノイズによって通信の不安定性、計測機器の精度低下、電子機器の誤動作が起こることは、ユーザーにとって不利益です。

　総じて、電磁的ノイズの課題を適切に管理することは、通信の安定性、市場アクセス、製品の信頼性など、さまざまな側面で非常に重要です。そのためには、製品の開発から製造・販売までの全体的なプロセスでEMCを考慮することが必要です。

１－２－３　影響を受けやすい機器

　ある機器が電磁波に影響を受けやすいかどうかは、その機器の構造や動作原理、使用されている技術に依存します。以下は、電磁波に比較的敏感な機器の一般的な例です。

1）通信機器：

　無線通信機器：携帯電話、ワイヤレスネットワーク機器、Bluetoothデバイスなどは、電磁波に敏感であり、電波の妨害や干渉が通信品質に影響を与える可能性があります。

2）データ伝送機器：

　ネットワーク機器：ルータ、スイッチ、ネットワークインターフェースカードなどのネットワーク機器は、データの正確な伝送が重要であり、電磁波の影響を受けやすい機器です。

－ 28 －

3）計測機器：

高精度計測機器：精密な計測機器やセンサーは微小電圧・微弱電流を検出しているため、電磁波の変動に敏感であり、外部からの影響が計測結果に誤差をもたらす可能性があります。

4）医療機器：

診断機器：MRI や CT スキャンなどの診断機器は高度な精度が求められるため、外部からの電磁波が誤診断を引き起こす危険性があります。

5）航空機器：

航空機内の通信機器や制御装置は、飛行中にさまざまな電子機器が作動するため、電磁波に対して敏感です。

6）自動車電子機器：

「1-3　自動車の EMC 対策」を参照してください。

7）工業制御機器：

PLC（Programmable Logic Controller）：工業プロセスの自動制御に使用される PLC などの機器は、正確なタイミングが求められるため、電磁波の影響が重大です。

これらの機器は、高い信頼性と正確性が要求されるため、電磁波に対する影響を最小限に抑えるための対策が重要です。そのため、EMC の原則や適切なシールディング、フィルタリング、設計上の検討が行われています。

▶第1章 EMC（電磁両立性）とは何か

1-2-4 エミッション（EMI）の発生源

電磁干渉（Electromagnetic Interference：EMI）は、電子機器が発する電磁波が他の機器に影響を与える現象です。これは電子機器の内部回路が動作の過程で高周波の電流や電圧を生成・伝送する際に生じ、他の機器の正常な動作を妨げることがあります。EMIは様々な発生源から引き起こされ、そのことを理解することがEMCの重要性を認識するきっかけなります。

EMIの発生源の代表例を概説します。

・内部発生源：

電子機器自体がEMIの発生源となります。これには、高周波信号を生成する回路やデバイス、スイッチング電源、高速な信号線などが含ま

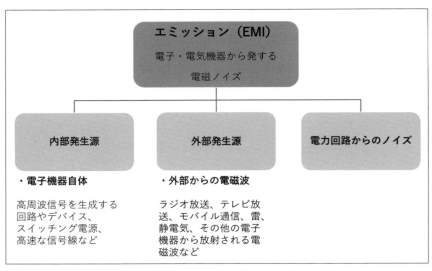

〔図1-10〕エミッション（EMI）の発生原因

れます。これらの要素が非常に短い時間で急激な変化をもたらすと、広帯域の電磁波が発生し、周囲の機器に影響を及ぼす可能性があります。

・外部発生源：

　外部からの電磁波も重要な EMI の発生源です。例えば、ラジオ放送、テレビ放送、モバイル通信、雷、静電気、その他の電子機器から放射される電磁波が挙げられます。これらの外部の信号が電子機器に誘導結合し、その機器の動作に影響を与えることがあります。

・電力回路からのノイズ：

　電力回路からのノイズも EMI の要因です。電力供給の不安定さやスイッチング電源による高周波ノイズが電力線に重畳し、他の機器に伝播することがあります。

　EMI が発生すると、以下のような影響が生じる可能性があります。

・通信の妨害：

　ラジオや通信機器などの通信が乱れる可能性があります。

・感受性の影響：

　高感度な機器やセンサーが EMI によって誤作動することがあります。

・データ転送のエラー：

　デジタル通信などのデータ転送において、エラーが発生する可能性があります。

▶ 第 1 章　EMC（電磁両立性）とは何か

・システムの不安定性：

　高周波ノイズがシステム内の電子回路に影響を与え、正確な動作を阻害することがあります。

　このような影響を低減するためのエミッション制御（適切な設計および対策）については、「1-1-1　EMC の基本原則」を、EMI が発生した場合の影響については、「1-2-2　電磁波による影響の種類」をご覧ください。

1－3　自動車の EMC 対策

　自動車における EMC は、自動車に搭載される電気・電子機器が他の機器に誤動作や相互干渉を起こさないことを確保するための重要な要素です。自動車内では、エンジン制御、ブレーキシステム、エアバッグ、情報エンターテインメントシステム、安全システムなど、多くの電子機器が使用されています。これらの機器が適切に機能し、互いに影響を与えることなく安全に運転するためには、EMC が重要です。

　自動車における EMC 対策は、以下のような方法で実施されます。

・電磁遮蔽：
　自動車のエンジンや駆動系、電気自動車の駆動モータのトルク制御のためのインバータなど、高電圧や高周波を発生する部品から放射される電磁波を遮蔽します。これにより、電磁波が他の機器に影響を与えるのを防ぎます。

・EMI フィルタリング：
　自動車の電源ラインや通信制御ラインに EMI フィルタを装備し、車内で接続された機器から発生する電磁ノイズを低減します。これにより、自動車内で相互に接続された電子機器が安定して機能し、他の機器に影響を与えることを防ぎます。

－ 33 －

▶ 第 1 章　EMC（電磁両立性）とは何か

・シールド：

　車両内の敏感な電子機器を電磁波から保護するために、相互接続された高電圧電源ケーブルから発生する電磁ノイズを低減するためにシールドを施し、また、車内で発生する電磁ノイズの影響を低減するために通信制御ラインにシールドを施します。

・規制と標準の遵守：

　自動車業界では、ECE（Economic Commission for Europe：国連欧州経済委員会）や ISO（International Organization for Standardization：国際標準化機構）などの規制や規格に準拠することが求められます。

　さらに、自動車メーカーのプライベート規格に適合することが必須です。これにより、車両が必要な EMC 要件を満たし、市場への適合性を保証します。自動車には機能を制御するために多くの電子機器が搭載されています。例えば、電子制御ユニット（Electronic Control Unit：ECU）、センサー、アクチュエーター、ディスプレイ、オーディオシステム、ナビゲーションシステムなどで、これらのユニットがワイヤーハーネスでつながっています。これらが電磁ノイズで誤作動すると安全な走行に影響を及ぼしてしまいます。従って、自動車の EMC 対策は、自動車の設計段階から計画され、搭載部品ごとに実施され、さらに、自動車に部品を搭載して完成車として評価しなければなりません。また、車両のプロトタイプのテストや EMC 規制への適合性テストも重要です。EMC 対策を十分に実施することで、自動車の安全性と信頼性を確保し、乗員の安全を守ります。

1－4　EMC 対策の必要性とは

　EMC（Electromagnetic Compatibility）対策の必要性は、電子機器やシステムが使用される電磁環境で共存し、互いに干渉なく正常に動作するために重要です。以下に、EMC 対策の必要性に関連する主な理由を挙げてみます。

1）電子機器の相互運用性：

　異なる電子機器やシステムが同じ環境で共存する場合、それらがお互いに影響を与えずに正常に動作するためには、EMC 対策が必要です。相互運用性の確保は、複数の機器やシステムが一つのシステム内で効果的に動作することを保証します。

2）通信の信頼性向上：

　通信システムにおいては、外部からの電磁的ノイズや他の機器からの干渉が通信信号に影響を与えるリスクがあります。EMC 対策は通信の信頼性を向上させ、データの正確な伝送を確保します。

3）法的規制と市場アクセス：

　「1-1-2　EMC の評価基準」で説明したように、多くの国や地域で、電磁的な放射や電磁感受性に関する法的な規制が存在します。もし、法的な規制に違反すると、製品の販売が制限されたり、法的な問題が発生したりするリスクがあります。EMC を遵守することは製品の市場アクセスを向上させます。特に国際的に認識された規格や認証マークへの適合

－ 35 －

▶ 第 1 章　EMC（電磁両立性）とは何か

は、製品の信頼性を向上させ、国際市場での競争力を高めます。

4) 製品の信頼性向上：

　EMC 対策は電子機器やシステムの信頼性を向上させます。電磁的なノイズや干渉が制御されれば、機器の意図しない動作を避け、製品寿命を延ばすことができます。EMC 要件の遵守を通じて、製品が他の機器や通信システムに対して電磁干渉を引き起こすことを防ぐことができ、同一の環境で他の機器と共存するために不可欠です。

5) ユーザーエクスペリエンスの向上：

　電磁的な問題が発生すると、製品のユーザーエクスペリエンスが低下します。例えば、通信の不安定性、計測機器の精度低下、電子機器の誤動作などがユーザーに影響を与えます。EMC 対策はこれらの問題を防ぎ、ユーザーエクスペリエンスを向上させます。EMC を考慮した設計は、ユーザーにとって安全で信頼性の高い製品を提供するために不可欠です。電子機器が予測できない問題を引き起こすことがないようにすることは、製品の安全性を確保する上で非常に重要です。従って、機器の正常な動作を確保するため、機器が発する電磁波が他の機器に影響を与えず、かつ外部からの電磁波に対しても安定した動作が確保されることが保証されます。これにより、製品が予期せぬ問題なく機能し、ユーザーエクスペリエンスが向上します。

6) 開発コストの削減：

　製品が市場に出回る前に EMC 対策を実施することは、開発コストの削減にもつながります。製品が既存の規制に適合していない場合、再設

計や再テストが必要となり、これによって開発にかかる時間と費用が増加します。

7) 環境への影響の最小化：

　EMC の遵守は、電子機器が周囲の環境に与える影響を最小化することにも寄与します。電磁波を適切に制御することで、周囲の電子機器や通信システムだけでなく、自然環境にもプラスとなります。

6) 知的財産の保護：

　EMC の対策は、製品の知的財産権を保護する一環でもあります。他の製品に対して電磁干渉を引き起こさないようにすることで、製品の技術的な特許や設計手法が保護されます。

　総じて、EMC の重要性は製品の品質、市場参入、法的規制遵守、ユーザーの信頼性と安全性、環境への影響の面で広範かつ重要です。企業はこれらの側面を考慮し、製品の設計段階から販売までにわたり EMC の原則を遵守することが求められます。

第2章
EMC 設計の基本原則

2−1 EMC設計の基本

「1-1-1 EMCの基本原則」でも触れたように、EMC（電磁両立性）の設計において、適切な対策を講じることは、製品の性能や信頼性を確保するために重要です。特に、グランディング（接地）、シールディング（遮蔽）、および電源回路と信号経路の設計は、電磁波の発生や干渉を防ぐための基本的な要素です。

・グランディング（接地）

グランディング（接地）は、電磁波の発生や干渉を防ぐための最も基本的な対策の一つです。適切に接地を行うことで、不要な電磁ノイズをグランドに逃がし、回路システムの安定性と信頼性を向上できます。電磁ノイズをグランドに逃がすためには、可能な限り低インピーダンスで接地する必要があります。高インピーダンスの接地は、電磁波がグラン

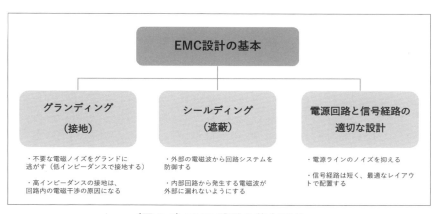

〔図2-1〕EMC設計の基本要素

▶ 第2章　EMC設計の基本原則

ドに逃げることを妨げ、回路内の電磁干渉を引き起こす原因になります。

・シールディング（遮蔽）

　外部の電磁波から回路システムを防御するとともに、内部回路から発生する電磁波が外部に漏れないようにするための手段です。特に、EMC設計では、シールド材を使用して機器を保護することが多く、その効果を最大限に引き出すための設計が求められます。電子機器は、他の機器や無線通信システム、外部の電磁波からの干渉を受ける可能性が高いため、適切にシールドを行うことでその影響を最小限に抑えます。特に、高周波の無線通信が増える現代においては、外部からの電磁波の遮蔽は不可欠です。また、電子機器自体が電磁波ノイズを放射しますので、シールディングを行うことで外部への放射を抑え、他の機器への干渉を防ぎます。

・電源回路と信号経路の適切な設計

　電源回路と信号経路の適切な設計は、EMC問題を解決するために重要です。電源や信号が伝送する基板回路や配線経路の設計ミスは、不要な電磁波を発生させ、回路システム内のノイズを結合する原因となります。電源ラインに高周波ノイズが重畳すると、これが同じ電源供給される他の回路に干渉し、誤作動の原因となります。これを防ぐために、デカップリングコンデンサを適切に配置し、ノイズを抑えることが重要です。信号経路の長さや配置も、EMC対策において大きく影響します。長い信号経路や電源ラインは、それら自身がアンテナのように動作して電磁波を放射することがあるため、できるだけ短く、最適なレイアウトで配置することが必要です。

－ 42 －

それぞれの役割や必要性について詳述します。

▶第2章　EMC設計の基本原則

2-2　グランディングの基本原則

以下に、グランディングの基礎的な原則について説明します。

1) システム全体への一貫性：
　グランディングはシステム全体で一貫性を持つ必要があります。異なるサブシステムや機器が共通グランド（同一電位のグランド）に結ばれることが重要です。

2) 低インピーダンス：
　グランドへの接続は低いインピーダンスでなければなりません。低いインピーダンスのグランディングは高周波電流がスムーズに流れ、ノイ

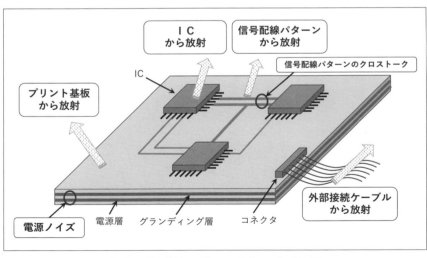

〔図2-2〕グランディングとノイズ放射

ズや電磁波が低減しやすくなります。

3) スター型グランディング：

　スター型のグランディングは、各サブシステムや機器を一つのポイントで接続する方法です。これにより、異なる回路間でのグランド電位を共有し、ノイズの影響を抑制します。

4) デジタルとアナログの分離：

　デジタルとアナログ回路は別々のグランドポイントを持つように分離することが重要です。デジタル回路で発生するハイスピードのスイッチングノイズがアナログ回路に影響を与えることを防ぐためです。

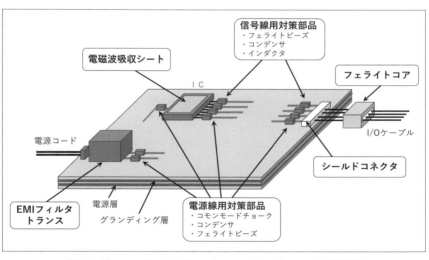

〔図2-3〕フェライトビーズ・フェライトコアの使用例

▶第 2 章　EMC設計の基本原則

5) フェライトビーズやフェライトコアの使用：

　高周波ノイズを制御するために、信号線やグランド線にフェライト
ビーズやフェライトコアを使用することがあります。これはノイズの吸
収やフィルタリングに効果があります。

6) 外部インタフェースの考慮：

　システムが外部と接続される場合、外部のグラウンド構造との整合性
を確認することが必要です。外部インタフェースにおいても EMC 規制
が存在するため、それに対応したグランディングが求められます。

7) 安定な電位：

　グランドポイントは安定した電位を維持することが重要です。急激な
電位変化が生じると、システムの動作やノイズの影響が大きくなる可能
性があります。

8) EMC 対策との統合：

　グランディング設計は EMC 対策と密接に関連しています。シールディ
ング、フィルタリング、適切な導電性の材料の使用など、他の EMC 対
策と組み合わせるなどの統合が重要です。

– 46 –

2-3 シールディングの基本原則

　以下に、シールディングの基本的な原則と考慮すべき要点について説明します。

1) 目的:
　シールディングの主な目的は、電子機器が発する電磁波を制御し、外部からの電磁波の影響を最小限に抑えることで、機器の動作を安定させ、干渉を防止することです。

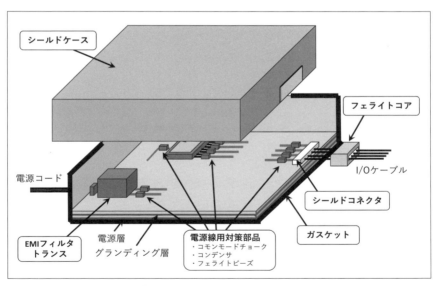

〔図2-4〕シールディングの例

▶第2章　EMC設計の基本原則

2) 導電性材料の使用:

シールディングには導電性の金属材料（アルミニウム、銅など）が使われ、これらの材料が電磁波を反射または吸収して遮蔽します。

3) ファラデーの法則:

シールディングの基本原則はファラデーの法則に基づいています。ファラデーの法則によれば、導体で覆われた領域では電磁波が導体に反射・吸収され、内部への侵入や、外部への放出を防げます。

4) 全周囲を覆う:

シールディングはできるだけ対象となる機器や回路を全周囲から覆う必要があります。部分的なシールドでは十分な効果が得られません。

5) シールディングの接地:

シールディング材料に流れ込んだ高周波電流をグランドに接地して逃がすことで効果的なシールディングが可能となります。

2−3−1　シールディングの種類

1) 導電性ケーブルシールディング:

ケーブルの外側に導電性材料を巻いて保護します。高周波信号伝送用のケーブルでよく使用されます。

2) 導電性ゴム / 高分子化合物シールディング:

導電性のゴムや高分子化合物を使用します。柔軟性があり、振動や衝

− 48 −

撃に強いため、特に移動部品やフレキシブルな部分のシールディングに
適しています。

3）金属ボックスや筐体：

　機器全体を金属のボックスや筐体で覆い、外部からの電磁波の侵入を
防ぎます。一般的にはアルミニウムや銅が使われます。

4）導電性塗料：

　導電性の塗料を使用して特定の部分にシールドを施す方法です。複雑
な形状にも適用可能です。

２－３－２　シールディングの重要性

　EMC 設計におけるシールディングは非常に重要です。以下に、その
理由をいくつかの側面から解説します。

1）外部からの電磁波の影響防止：

　シールディングは電子機器やシステムを外部からの電磁波の影響から
保護します。周囲の機器や環境から発生する電磁波が、機器の正確な動
作に影響を及ぼすことを防ぎます。

2）他の機器への干渉の抑制：

　シールディングが適切に施されていれば、同一の環境内で複数の機器
が互いに干渉することを最小限に抑えることができます。電子機器が協
調して作動する環境を確保できます。

▶第2章　EMC設計の基本原則

3) EMC 規制の遵守：

多くの国や地域で EMC に関する規制が存在します。これらの規制を遵守することは、製品を市場に投入するために必要です。シールディングはこれらの規制をクリアするために欠かせない要素です。

4) 機器の信頼性向上：

シールディングによって外部からの電磁波の影響が制御されることで、機器の信頼性が向上します。信頼性の高い機器は、ユーザーや企業にとって重要です。

5) データの安全性確保：

特にセキュリティが必要なアプリケーションでは、シールディングがデータの安全性を確保します。外部への電磁波による情報漏洩を防ぎます。

6) 設計の柔軟性：

シールディングは設計段階で考慮され、適切に実施されることで、機器の機能性や性能に対する制約を最小限に抑えます。これにより、設計の柔軟性が確保されます。

7) 通信機器の性能向上：

通信機器においては、シールディングが十分であれば信号の安定性が確保され、通信の品質や範囲が向上します。

8）電磁放射の抑制：

　シールディングは電子機器からの電磁放射を抑制し、周囲への電磁波の漏れを防ぎます。これは電磁環境への配慮として重要です。

　総じて、シールディングは電子機器やシステムが順調に動作し、かつ周囲の機器や環境に影響を与えないようにするために欠かせない要素です。

２－３－３　シールディングの原理

　ここで、シールディングの原理について解説します。

　シールドの原理は、導電性の材料が電磁波や電気的なノイズを遮蔽することに基づいています。以下に、シールドの主な原理を説明します。

・電界透過率（Electromagnetic Shielding Effectiveness）：

　電磁波がシールド材料を通過する際の減衰を示す指標の一つです。通常、この効果は dB（デシベル）で表され、高い値ほど効果的なシールドを意味します。電界透過率は、透過損失（Transparency Loss）として知られており、一般的に以下の式で計算されます。

$$SE = 20\log10(Et/Ei)$$

　ここで、SE は電界透過率（dB）、Ei は入射電界強度（V/m）、Et は透過電界強度（V/m）です。

　この式は、入射された電界と透過された電界の比率を対数スケールで表すものです。電界透過率が絶対値で高い値の場合、シールド材料は電磁波を効果的に遮蔽していることを示します。電界透過率は、シールド

▶第2章　EMC設計の基本原則

材料の特性（導電性、透磁性）、シールドの厚さ、周波数などによって異なります。高周波では導電性が重要であり、低周波では透磁性が重要となる傾向があります。そのため、シールド材料の選択や設計には、電磁波の周波数特性を考慮する必要があります。

・電界吸収率（Electromagnetic Absorption Rate）：

　電磁波がシールド材料に吸収される割合を示す指標です。通常、この効果も dB で表され、高い値ほどシールド材料が電磁波を吸収する能力が高いことを示します。

　電界吸収率は、以下の式で計算されます。

$$EA = 20\log10((Ei - Et)/Ei)$$

　ここで、EA は電界吸収率（dB）、Ei は入射電界強度（V/m）、Et は透過電界強度（V/m）です。

　この式は、入射された電場と透過された電場の差分を対数スケールで表すものです。電界吸収率が絶対値で高い値の場合、シールド材料は電磁波を吸収し、透過を減少させていることを示します。電界吸収率は、シールド材料の特性（誘電体や誘電損失）、シールドの厚さ、周波数などによって異なります。高周波では誘電体の特性が重要であり、低周波では導電性の影響が大きい場合があります。そのため、シールド材料の選択や設計には、電磁波の周波数特性を考慮する必要があります。

2－4　電源回路と信号経路の設計ポイント

2－4－1　スイッチング電源の設計ポイント

　EMC 対策を講じたスイッチング電源の設計は、電子機器において特に重要です。スイッチング電源は高い効率と小型化が可能な反面、電源高調波歪みや高周波ノイズの発生源となりやすいため、EMC に対する慎重な取り組みが必要です。以下に、スイッチング電源の EMC 設計における基本的なポイントをいくつか示します。

1）EMC 規格の確認：

　EMC 規格や関連する法規制に対する理解と確認が必要です。特に製品が販売される国や地域の EMC 規制に合致するように注意します。

2）適切なコンポーネントの選定：

　スイッチング電源の設計においては、EMC 対策を考慮したコンポーネントの選定が必要です。例えば、EMI フィルタや高周波ノイズを抑制するコンデンサを選定します。

3）フィルタの導入：

　入力および出力ラインに適切なフィルタを導入することで、ノイズの発生を抑制します。コモンモードフィルタやディファレンシャルモードフィルタを検討します。

－ 53 －

▶ 第2章　EMC設計の基本原則

4) シールディングの重要性：

　スイッチング電源モジュールをシールドして、外部への電磁波の発散を防ぎます。適切なシールディング材料を使用し、シールドの接地も検討します。

5) スイッチング周波数の選定：

　スイッチング周波数の選定によって、発生するノイズの周波数が変わります。周辺機器や他の回路との干渉を最小限にするために、適切な周波数を検討します。

6) EMI フィルタの配置：

　EMI フィルタをスイッチング電源回路に適切に配置することで、電源ラインからのノイズを効果的に取り除きます。

7) プリント基板の設計：

　プリント基板の配線や配置にも注意が必要です。信号線や電源線のルーティング、グランディングの確保などが EMC 性能を向上させます。

8) 入力フィルタの効果的な設計：

　入力フィルタの効果を最大限に引き出すために、インダクタンスやコンデンサの適切な配置と値の選定が必要です。

9) ノイズの発生源の特定：

　スイッチング電源においてノイズの発生源を特定し、それに対する対策を検討します。例えば、スイッチング素子等の半導体から発生するノ

イズに対する対策が含まれます。

10) EMC テストと検証：

　スイッチング電源回路の設計中および設計後には、EMC テストを行って設計が規制要件を満たしているか確認します。規格適合性の検証は設計の最終段階で重要です。

　これらのポイントを考慮しながら、スイッチング電源の EMC 設計を行うことで、高効率かつ EMC 対策の施された電源回路を実現できます。

２－４－２　プリント基板の設計ポイント

　EMC 設計において、プリント基板の設計は重要な要素です。以下に、EMC 対策を講じたプリント基板の設計に関する基本的なポイントをいくつか挙げてみます。

1) グランディングの確保：

　プリント基板においては、適切なグランディングが非常に重要です。共通のグランドポイントを確保し、信号線や電源線を適切に接続します。

2) EMI フィルタの配置：

　プリント基板上に EMI フィルタを配置することで、プリント基板から発生する電磁波が周囲の機器や回路に影響を与えにくくなります。

▶ 第2章　EMC設計の基本原則

3) 信号線と電源線の分離：

　信号線と電源線を適切に分離して、クロストークや電磁干渉を最小限に抑えます。近接配線による相互影響を避けるように心がけます。

4) シールディングの利用：

　プリント基板上の特定の領域や部品にシールディングを導入し、電磁波の漏洩や外部からの電磁波の影響を抑制します。シールディングは特に高周波回路やノイズが発生しやすい部分に有効です。

5) プリント基板の層設計：

　プリント基板の層設計にも注意が必要です。各層の配置や信号の経路を検討し、ノイズが他の層に影響を与えないようにします。

6) フェライトビーズの利用：

　フェライトビーズは、電磁干渉（EMI）を抑制するために使用されるフェライトコアの一種です。これは、フェライトと呼ばれる鉄酸化物を主成分とする磁性材料で作られており、一般的にケーブルやワイヤーの周囲に取り付けられます。フェライトビーズは、特定の周波数の電磁波を吸収し、それを熱エネルギーに変換することで電磁ノイズを減衰させます。フェライトビーズは、通常、ケーブルやワイヤーの周囲に巻き付けられたり、ケーブルの端に取り付けられたりします。これにより、電磁波ノイズがケーブル内部や周囲の機器に影響を与えるのを防ぎ、EMIの問題を軽減します。特定の周波数帯域で効果的なフェライトビーズを選択することで、特定の干渉源や周波数範囲に対する EMI の抑制が可能です。フェライトビーズは、電源ケーブル、通信ケーブル、信号ケー

－ 56 －

ブルなど、さまざまなアプリケーションで使用することができます。

7）高周波信号の配線：

　高周波信号は配線の設計に敏感です。高周波信号の配線は短く、なるべく直線的に配置することで、信号の品質を維持できます。

8）適切な素材の選定：

　プリント基板の素材は電磁波の伝播特性に影響を与えます。誘電体定数や導電性を考慮して、適切な素材を選定します。

9）差動信号の活用：

　差動信号伝送を活用し、外部からのノイズに対する抵抗力を向上させます。特にデータ伝送ラインなどで有効です。

10）EMC テストの組み込み：

　プリント基板の設計が終わった後には、プリント基板のパターンに対して EMC テストに必要なテストポイントを設けます。製品の開発サイクルに EMC テストを組み込むことが重要です。

　これらのポイントを考慮して、EMC に配慮したプリント基板の設計を行うことで、電子機器の信頼性や互換性を向上させることができます。

2－4－3　プリント基板のレイアウト設計

　EMC を考慮したプリント基板のレイアウト設計は、電子機器の信頼

▶ 第 2 章　EMC設計の基本原則

性と性能を確保する上で非常に重要です。以下は、EMC 対策を講じた
プリント基板のレイアウト設計に関する基本的なポイントです。

1）グランディング：

　適切なグランディングを確保することが重要です。共通のグランド層
を設け、信号線や電源線のグランディングを適切に接続します。

2）各層の配置：

　電源層、グランド層、シグナル層など、各層の配置に慎重に取り組み
ます。これにより、信号経路と電源経路のクロストークを最小限に抑え
ることができます。

3）シールディング：

　特に高周波信号やノイズの発生が懸念されるプリント基板上の領域に
はシールドを導入します。シールドは外部からの電磁波の影響を最小限
に抑え、内部への漏れを防ぎます。

4）コンポーネント配置：

　コンポーネントの配置にも気を配ります。特に高周波のデバイスやノ
イズが発生しやすいデバイスは、他の回路から離れて配置します。

5）差動ペアの配線：

　差動ペアの信号線はできるだけ近接させ、同じ層に配置します。これ
により、差動モードでの信号品質が向上し、外部からのノイズに対する
耐性が強化されます。

－ 58 －

6）高周波信号のルーティング：

高周波信号の伝送線は、短く直線的に配置します。これにより、信号の遅延が最小限に抑えられ、信号品質が向上します。

7）クリティカルな信号の分離：

クリティカルな信号は他の信号と十分に分離して配置します。これにより、不要なクロストークやノイズの影響を軽減します。

8）シグナル経路と電源経路の分離：

シグナル経路と電源経路はできるだけ分離または層を変えて配置します。これにより、電源ノイズがシグナル経路に影響を与える可能性が低減します。

9）プリント基板の層数の最適化：

プリント基板の層数は慎重に検討されるべきです。層数が多いほど設計の自由度が増えますが、コストや信号の伝達速度にも影響を与えるため、最適なバランスを見つける必要があります。

10）ノイズフィルタの配置：

入力や出力などのポイントにノイズフィルタを配置して、外部から流入するノイズおよび内部から流出するノイズを制御します。フィルタの周波数特性を信号の周波数成分に合わせて選定します。

これらのポイントを考慮して、EMC に配慮したプリント基板のレイアウト設計を行うことで、電子機器の信頼性や性能を向上させることが

▶ 第2章　EMC設計の基本原則

期待されます。

２－４－４　プリント基板の多層化

　プリント基板の多層化は、高密度な回路を搭載し、回路ブロックへの信号伝送と電源配分を効果的に行うための重要な手法の一つです。プリント基板の多層化においては、電磁波の制御やノイズの低減が特に重要です。以下に、プリント基板の多層化に関する基本的なポイントをいくつか挙げてみます。

1) 信号と電源の分離：

　多層化により、信号層と電源層を分離できます。これにより、信号回路が電源ノイズから影響を受けにくくなります。

2) グランディング層：

　内部層にグランディング層を配置することで、信号回路のグランドを確実に確保します。これはノイズの低減に寄与します。

3) 電磁波の制御：

　多層構造は電磁波の制御に有効です。シグナル層とグランド層、または層間を分離するためにシールド層を配置して、電磁波の放射を最小限に抑えます。

4) ノイズの経路制御：

　多層基板ではノイズの経路を制御しやすくなります。隣接する層の配

置やプレーンの設計に注意して、ノイズが他の回路に影響を与えないようなレイアウト設計が可能になります。

5）差動信号対策：

　高速デジタル信号の伝送においては、差動信号ペアの層配置に注意が必要です。同じ層に配置することで、差動モードノイズの影響を最小化することができます。

6）高周波信号の伝送：

　高周波信号は特に層の配置に大きく影響されます。伝送線の長さやトレースの幅、インピーダンス整合に気を付けて配置することで、反射や損失を低減させ、信号の品質を維持できます。

7）積層セラミックコンデンサの配置：

　積層セラミックコンデンサは、誘電体材料の比誘電率が大きいため、同じ容量値でも小型となりプリント基板への実装に最適です。これを使用することで、電源の安定性を向上させます。これにより、高周波ノイズを抑えることができます。

8）信号経路の層間クロストーク低減：

　同じ信号が異なる層に接続されると、層間クロストークが発生する可能性があります。これを低減するために、上位層と下位層の配置に気を付けます。

▶第 2 章　EMC設計の基本原則

9) EMI フィルタの配置：

　多層基板では、EMI フィルタを効果的に配置して外部からのノイズを取り除きます。これは特に入出力ポイントに重要です。

10) 層の設計ドキュメント：

　プリント基板の層ごとに設計ドキュメントを作成することを推奨します。各層の設計指標や設計パラメータを明確にし、設計チーム内での情報共有が容易になります。

　これらのポイントを考慮して、EMC 対策が施された多層基板を設計することで、信頼性や性能の向上が期待できます。

2－4－5　コモンモードノイズと対策

　コモンモード（Common Mode）とは、信号伝送や電力伝送などの通信系統において、複数の伝送線（信号線、導体、回路など）が同じ方向または同じ位相で同じ信号や電流を共有している状態を示します。この現象は、伝送線が共通のグランド（接地）を共有して動作していることを示しています。

　コモンモードノイズは、電源ラインや信号伝送ラインなどの導線とグランド（接地）間に発生するノイズのことです。

　典型的な電気回路では、導線や信号伝導ラインは通常、対になった導線で構成されています。例えば、電源ラインでは通常、ラインとニュートラルの 2 つの導線があります。コモンモードノイズは、これらの導線に同時に、同じ方向でグランドに向かって流れるノイズです。

－ 62 －

1) コモンモード電圧：

　複数の信号線が同じグランド電位を共有している場合、それらはコモンモード電圧を有しています。

2) コモンモード電流：

　複数の導体や回路が同じ電流経路を共有している場合、それらはコモンモード電流が存在する可能性があります。これは、外部からのノイズにより誘起されることもあります。

3) コモンモードノイズの問題：

　コモンモードノイズは、通信や電力伝送システムにおいて望ましくない影響を引き起こすことがあります。主な問題点は以下の通りです：

a. 信号品質の低下：

　コモンモードノイズの存在により伝送経路にノイズが侵入すると、本来の伝送信号にノイズが重畳することで信号品質が低下し、データの読み取りや通信の正確性が損なわれる可能性があります。

b. 電磁干渉（EMI）：

　コモンモードノイズは、外部からの電磁波やノイズ源によって引き起こされることがあり、周囲の回路や機器に対して電磁干渉を引き起こす可能性があります。

c. 機器の誤動作：

　コモンモードノイズのレベルが大きい場合、システム内の機器や回路

▶ 第 2 章　EMC設計の基本原則

が誤動作する可能性があります。

4）コモンモードノイズの対策：

コモンモードノイズの対策は、以下のような手法で行われます。

a. 差動信号伝送：

差動信号伝送方式を使用することで、コモンモードノイズの影響を軽減できます。並走する信号線に同じ振幅で逆向きの信号を伝送し、コモンモードノイズを打ち消します。

b. シールディング：

プリント基板に接続された信号線をシールドすることで、外部からの電磁波やコモンモードノイズの影響を最小限に抑えることができます。

c. フェライトビーズの利用：

フェライトビーズを信号線に取り付けることで、高周波ノイズを吸収または反射する役割を果たし、コモンモードノイズの影響を軽減します。

d. コモンモードフィルタの使用：

信号線にコモンモードフィルタを取り付けることで、外部からのコモンモードノイズをフィルタリングし、システムへの影響を低減します。

コモンモードフィルタは、通常、次のような要素で構成されています。

・コイル（インダクタ）：

コモンモードフィルタは、コイル（インダクタ）を使用してコモンモー

ドノイズを抑制します。コイルはコモンモードノイズが流れる導線に対して高いインピーダンス（抵抗）を提供することで、ノイズを抑制します。

・コンデンサ：

コモンモードフィルタにはコンデンサも組み込まれています。これらのコンデンサは導線とグランド間に接続され、コモンモードノイズをシャント（分岐）してグランドに逃がしノイズを抑制します。

コモンモードフィルタは、電源ラインや通信回線などで幅広く使用されています。これらのフィルタを使用することで、機器内部のノイズが外部に流出することを低減し、また、外部からの電磁干渉やノイズによる影響を最小限に抑え、電気回路の信頼性や性能を向上させることができます。

e. 適切なグランディング：

信号ラインのシールドを適切にグランディングすることで、コモンモードノイズの流入を制御します。

これらの対策を組み合わせて適用することで、コモンモードノイズの影響を最小限に抑え、信号の品質を確保できます。

２－４－６　ディファレンシャルモードノイズと対策

ディファレンシャルモード（Differential Mode）は、信号伝送や通信システムにおいて、対向する２つの信号線（プラスとマイナス）において、

▶ 第 2 章　EMC 設計の基本原則

互いに逆向きの信号を同時に伝送するモードです。これは、対向する信号線の電圧差または電流差を利用して信号を伝送する方法であり、差動信号伝送とも呼ばれます。

　ディファレンシャルモード伝送では、プラス（正）とマイナス（負）の2つの信号が同時に伝送され、受信側でその差分を捉えて信号が復元されます。このアプローチは、外部からのノイズの影響を受けにくく、信号品質を向上させる利点があります。

　以下は、ディファレンシャルモード伝送の主な特徴と利点です。

1) ノイズの耐性：

　ディファレンシャルモード伝送は、プラスとマイナスの2つの信号を使用しており、外部からのノイズに対して耐性があります。ノイズが両方の信号に同じように影響を与える場合、差動信号としてのみ影響が残り、ノイズが打ち消されます。

2) コモンモードノイズの除去：

　コモンモードノイズ（両方の信号に同じように影響を与えるノイズ）があっても、ディファレンシャルモード伝送ではこれが取り除かれます。受信側では、両方の信号の差分が取られ、コモンモードノイズが打ち消されます。

3) 信号品質の向上：

　ディファレンシャルモード伝送は、ノイズの影響を減少させることができるため、信号品質が向上します。これは特に長距離伝送や高周波信号伝送において有益です。

- 66 -

4）高い周波数帯域：

ディファレンシャルモード伝送は、通常、コモンモード伝送よりも広い周波数帯域を持ちます。これにより、高い周波数帯域（〜数 GHz）での信号伝送が可能となります。

ディファレンシャルモード伝送は、高い信号品質とノイズの耐性を提供するため、データ通信や高周波アプリケーションなど多くの分野で広く採用されています。

5）ディファレンシャルモードノイズの対策

ディファレンシャルモード伝送は、ノイズの影響を軽減する利点がありますが、特定の状況下でノイズが発生する可能性があります。以下は、ディファレンシャルモードノイズに対する対策の一般的なアプローチです。

a．シールディング：

信号線をシールドすることで、外部からの電磁波やノイズの影響を最小限に抑えることができます。シールドは通常、編組線を用いて信号線を包み込むように配置され、シールディングを強化します。

b．フェライトビーズの利用：

フェライトビーズは信号線に取り付けられ、高周波ノイズを吸収および反射する役割を果たします。これにより、ノイズの影響を軽減できます。

▶ 第2章　EMC設計の基本原則

c. ディファレンシャルモードフィルタ：

　ディファレンシャルモードフィルタは、電気回路におけるディファレンシャルモードノイズ（差動モードノイズ）を抑制するためのフィルタです。ディファレンシャルモードノイズは、通常、導線やケーブルに流れる動作電流と同一方向に流れ、その線間の差（ディファレンシャル信号）にのみ影響を与えるノイズです。回路の動作電流と同一方向に流れるノイズを抑制するために挿入するフィルタは、その周波数特性に注意を要します。回路にコイル（インダクタ）を挿入すると回路の動作電流にも影響を及ぼすため、電流の通過周波数帯を考慮した遮断周波数を設定するためにインダクタの定数を決めなければなりません。コンデンサはノイズ源に近い線間に挿入しノイズ電流をショートカットし、外部への漏洩を低減させます。

d. コモンモードフィルタの導入：

　ディファレンシャルモード伝送の際にもコモンモードノイズが発生する場合、コモンモードフィルタを信号線に追加することで、外部からのコモンモードノイズをフィルタリングし、影響を低減します。

e. 適切なケーブル絶縁：

　ケーブルの絶縁材料を選択し、信号線と対地との絶縁を確保することで、ノイズの結合や誘導を防ぎます。

f. 高品質なコネクタの使用：

　信号線のコネクタは高品質で信頼性の高いもの（例えば、金属製シェルでケーブルのシールドと機側のグランドがしっかり接続できる）を使

- 68 -

用します。コネクタの品質が低いと、ノイズの影響を受けやすくなります。

g. グランディングの適切な設計：

　信号線のシールディングや外部絶縁のグランディングを適切に行うことで、ノイズの流れを制御します。

h. トランスフォーマの使用：

　信号線にトランスフォーマを導入することで、ノイズの影響を軽減できます。トランスフォーマは信号の絶縁や変換を行い、ノイズの影響を減少させます。

　これらの対策を組み合わせて適用することで、ディファレンシャルモードノイズに対する効果的な対策が可能となります。実際のシステムや環境によって適切な対策が異なるため、具体的な状況に合わせて検討することが重要です。

第3章
EMC 評価とテストの基礎

本章では、機器から発生する妨害波に関する試験規格や測定方法を解説します。

　EMC評価を実施するためには、電磁波障害について理解を深めることが重要です。

3－1　電磁波障害とは

　電磁波障害とは、電気・電子機器から発生する電磁波ノイズが他の機器に影響を及ぼし、誤作動や性能劣化を引き起こす現象であることを示しています。電磁波障害は、電磁干渉（Electromagnetic Interference：EMI）とも呼ばれ、関わる製品分野は、主に工業製品、通信機器、医療機器、家電製品などで現実に問題となっています。特に、デジタル化やIoTの普及によって多種多様な電子機器が同時に動作する状況（デジタル回路の動作周波数の高周波化、デジタル端末機器への無線モジュール搭載）が増え、電磁波障害の発生リスクは以前にも増して高まってきました。

　ここで、「1-2-1　電子機器からの電磁波の発生源」でも説明している電磁波障害の発生原因について、もう一度振り返ってみましょう。

　電磁波障害の発生原因は、電磁波ノイズ発生源、その伝搬経路ノイズの影響を受ける機器側の構造（筐体、入出力ポート）や電気回路設計などの電磁界特性が関係すると考えられます。電磁障害の原因となる電磁波ノイズは、電子機器が動作する過程で発生しますので、適切に管理されないと、他の電子機器の制御信号や通信に干渉する可能性があります。

－ 73 －

▶ 第3章　EMC評価とテストの基礎

例えば、デジタル回路から発生する電磁ノイズは動作周波数やその高調波が通信や放送受信の受信障害を引き起こすこともあり、モータおよびモータドライバやスイッチング電源などから発生する電磁波ノイズは、負荷電流に応じてその高調波で強力なノイズとなり、他の機器の正常な動作を妨げることがあります。また、スマートフォンなどのデジタル端末機器や無線 LAN、Bluetooth などの無線通信機器も電磁波障害の原因となりやすく、これらが密集した環境では、相互に電磁干渉を引き起こすリスクが高まる可能性があります。

３－１－１　電磁波ノイズの伝搬経路

　電磁波ノイズの伝搬経路は、主に「放射」と「伝導」の２種類に分類されます。「放射」は、空間に放射された電磁波ノイズが、近傍に置かれた他の電子機器に直接影響を及ぼす現象で、放送受信機や無線受信機、微弱な信号を検出するセンサにおいて電磁干渉が発生しやすいものです。一方、「伝導」は、電力線や接続線などの導体を電磁ノイズが伝搬する現象で、電気・電子機器の電力線と同一の電気系統から電源が供給される他の機器に影響を及ぼしたり、工場の生産設備や大型機器のような大電力を消費する場合に多く見られます。機器固有の伝搬経路を把握し、適切な対策を講じることが重要です。

　「1-1-1　EMC の基本原則」で詳しく解説していますが、電磁波障害を低減するために、回路設計、プリント基板の部品配置・パターン設計、筐体設計に対して EMC（電磁両立性）を考慮する必要があります。その方法としては、シールディング（遮蔽）、グランディング（接地）、フィ

- 74 -

ルタリング、および適切な配線設計などの対策が効果的です。シールディングは、外部からの電磁波ノイズを遮断し、また、内部からの電磁波の漏れを防ぐために効果的です。特に金属製のケースや開口部分にメッシュを施すシールドは、電磁波ノイズの内部からの漏洩や外部からの干渉を大幅に減らす効果があり、電磁波ノイズに敏感な医療機器や通信機器などで使用されています。また、グランディング（接地）により、機器内部の電磁波ノイズをアース（金属筐体や接地端子）に逃がし、システム全体の安定性を保ちます。さらに、フィルタリングは、電源ラインから外部に漏洩する電磁波ノイズや外部から流入する電磁波ノイズを減衰させる手段で、特にスイッチング電源を持つ機器では欠かせません。

　欧州における EMC 指令の発令後、各国や各地域での EMC に関する規制や基準が厳しくなっています。例えば、欧州の CE マーク、米国の FCC 規則、日本の電気用品安全法および電波法などがあり、これらの規則に適合することが製品の市場投入の条件となっています。このような規制の背景には、特に医療機器や航空機器、自動車、産業機器など、誤作動なく安定した動作が求められる分野における電磁波障害のリスク低減がもとめられているからです。詳しくは「3-2　EMC 規格とコンプライアンス」をご覧ください。

　電磁波障害の解決策は、機器の性能や安全性に対する直接的な影響を避けるために、設計段階から考慮することが重要で、製品化後の後付け対策は製造工程における実現性が困難になり、コストを増加させることになります。そのために下記について総合的な評価を要します。
・機器が設置および使用される環境

▶第3章　EMC評価とテストの基礎

・機器から発生する電磁波の強さ
・機器の外部からの電磁波妨害に対する耐性能力
・機器から発生する電磁妨害波の人体への影響

　これにより、電気・電子機器の信頼性を確保し、製品がさまざまな環境で安定して動作することを保証するためにも電磁波障害に積極的に取り組むことが求められます。

3-1-2　電磁波障害の評価

　電気・電子機器やシステムが発する電磁波ノイズにより他の電子機器が影響を受ける状況やその影響度合いを数値や測定データで評価するプロセスです。電磁波ノイズが存在する環境で電子機器が正常に動作し、自身の電子機器から発する電磁波ノイズで他の機器に悪影響を与えないためには、電磁波障害の可能性を設計段階から入念に評価し、電磁障害発生のリスクを最小限に抑える必要があります。電気・電子機器の電磁波障害に関する評価は、大きく分けて2つの評価があります。

①エミッション（Emission）測定評価：機器から放出される電磁波ノイズの強さ

②イミュニティ（Immunity）試験評価：機器に曝露される電磁波ノイズに対する耐性

①エミッション測定評価：

　エミッション測定評価は、電子機器が周囲に放出する電磁波の強さを測定し、規格値を満たしているか確認するプロセスです。日本国内では、電気用品安全法、電波法などの法規制、VCCI など業界団体による自主規

制があります。このエミッション測定評価の方法には、その伝搬経路により放射エミッションと伝導エミッションの2通りの評価があります。

　放射エミッションの評価は、空間に放射される電磁波ノイズの測定で、その強度が強い場合は他の機器に妨害を及ぼすリスクがあります。特に受信アンテナを装備した無線機器や微小電流・電圧で動作するセンサ類を組み込む電子機器で重要視されます。測定は、オープンサイト（野外測定上）、電波暗室や電磁シールドルームで行われ、規格で定められた周波数帯（主に、30 MHz ～ 6 GHz）での電磁波ノイズ放射量が測定されます。

　伝導エミッションの評価は、電子機器が電力線や通信線などの導体を通じて他の機器に伝搬する電磁波ノイズを測定します。一般に伝導エミッションの評価は、150 kHz～30 MHz の周波数帯を対象とし、測定は電磁シールドルームで行われます。

②イミュニティ試験評価：

　イミュニティ試験評価は、外部からの電磁波ノイズ干渉に対する耐性を評価するプロセスです。電気・電子機器が電磁波ノイズの影響を受けて誤作動や性能劣化が生じないようにするためには、イミュニティ試験を行うことが重要です。

　イミュニティ試験は、古くは特殊な機器（軍用機器、航空機搭載機器、自動車搭載機器など）に対して要求されていましたが、1996 年から施行された欧州 EMC 指令（89/336/EEC）にて一般の電気・電子機器や医療機器にも適用されるようになりました。

　イミュニティ試験は、エミッション測定と類似の分類に加えて、妨害

▶第3章 EMC評価とテストの基礎

発生源の電磁波の形態により分類されます。これは、機器が置かれた電磁環境における電磁波の形態を模擬しているからです。代表的な試験を示します。

1) 妨害波が高周波電界 / 電圧
   1-1) 伝搬経路が空間：放射 RF 電磁界イミュニティ試験（IEC 61000-4-3)
   1-2) 伝搬経路が接続線：伝導 RF 電磁界イミュニティ試験（IEC 61000-4-6)

2) 妨害波が高電圧パルス
   2-1) 電気的ファーストトランジェントバーストイミュニティ試験（IEC 61000-4-4)
   2-2) 静電気放電（ESD）イミュニティ試験（IEC 61000-4-2)
   2-3) 雷サージイミュニティ試験（IEC 61000-4-5)

3) 妨害波が低周波磁界
   3-1) 商用周波数磁界（IEC 61000-4-8)

4) 機器に供給される電源の変動
   4-1) 電源変動、瞬停試験（Voltage Dips and Interruption）（IEC 61000-4-11)

放射 / 伝導 RF 電磁界イミュニティ試験は、機器の周囲から発せられる無線周波（RF：Radio Frequency）に対する耐性を評価するもので、主

に無線通信機器や近隣の高周波機器による影響を評価します。

　ESD イミュニティ試験は、静電気が電子機器に放電した際の影響を評価する試験です。人体や衣服から発生する静電気が電子機器に触れたときに放電現象が発生し、その影響で誤動作や破損が起きないかを評価します。

　雷サージイミュニティ試験は、雷などの自然現象によって発生する高電圧や強い電磁波が電気・電子機器に影響を与えないか評価します。特に産業機器や医療機器、屋外設置機器などでは、この評価が重要です。

　このように、エミッション測定評価とイミュニティ試験評価の2つの観点で評価することは、電気・電子機器の EMC 性能向上に重要でなのですが、すべてのカテゴリの機器に対してエミッション測定評価とイミュニティ試験評価が必須ではなく、特殊な機器（軍用機器、航空機搭載機器、自動車搭載機器、医療用電気機器など）以外の産業用・住宅地域用の電気・電子機器についてイミュニティ規制を実施している国や地域は欧州やアジアの一部の国などです。従いまして、本書では主にエミッション測定評価を解説致します（EMC 設計は、エミッションとイミュニティの表裏一体の関係です。エミッションを知ることでイミュニティの理解を助けます）。

▶第3章　EMC評価とテストの基礎

3－2　EMC 規格とコンプライアンス

EMC（Electromagnetic Compatibility：電磁両立性）規格とコンプライアンスは、電気・電子機器が電磁干渉を発生させず、外部からの干渉を受けても正常に機能するために必要とされる一定の基準を示し、その基準への遵守を求める規則・規制を示します。電気・電子機器が様々な環境（住宅地域、商業地域、事務所内、軽工業地域、重工業地域）で使用され、様々な用途（家電、事務、情報通信、無線、医療、自動車、航空機、など）で利用されていますので、EMC 規格に適合することは機器の安全性や信頼性をユーザーに示すことは市場参入の条件として極めて重要です。従って、EMC 規格への適合は、製品の安全性と信頼性を確保し、他の機器や環境への影響を最小限に抑えるため、世界各国・地域でコンプライアンス（法令遵守）が求められています。

3－2－1　EMC 規格の概要

EMC 規格は、電気・電子機器から外部に放出する電磁波ノイズの「エミッション（放射および伝導エミッション）」、および外部からの電磁波干渉に耐える能力「イミュニティ（耐性）」の評価方法が規定されています。電気・電子機器の使用中、周囲に妨害を与えず、また自身も他の機器や環境からの電磁干渉によって誤作動を起こさないことが各国や地域において法規制され、妨害のリスクの程度に対応して強制法規や自己宣言の制度が設けられています。

－ 80 －

３－２－２　主な EMC 規制と認証制度

　各国の EMC 規制は、国や地域ごとの電波監理、技術動向、環境や規制に基づいて異なりますが、国際機関（ISO、IEC）で策定された標準規格をベースして法規制を施行しています。以下に、代表的な規制を挙げます。

・CE（European Conformity）マーク：
　欧州連合（EU）域内では、電気・電子機器を市場に流通させるためには機器への CE マークの表示が必要です。CE マークは、EMC 指令（EMC Directive）を含むその機器が適用される複数の指令、例えば低電圧指令や RE 指令（無線通信機器の適合性）などに適合することを示すもので、EU 域内で機器が法的に販売されるためには必須です。EMC 指令では、電気・電子機器が他の機器や通信システムに妨害を与えないこと、更に外部から電磁波ノイズの影響を受けずに安全かつ正常に動作することが求められます。CE 適合を宣言し機器に CE マークを表示するためには、自己適合宣言や第三者機関による EMC 試験を通じて適合性を明らかにする必要があります。

・米国 FCC（Federal Communications Commission：連邦通信委員会）：
　米国では電波行政の規制当局である連邦通信委員会（FCC）が電気・電子機器の EMC 規制の役割を担っており、特にデジタル機器や無線通信機器から発する電磁波ノイズに対して FCC Part 15 規則が適用されます。FCC 規則では、主にエミッションレベルを制限し、機器から周囲に

▶ 第 3 章　EMC 評価とテストの基礎

放出する電磁波ノイズが他の機器に妨害を与えないように規制しています。FCC 認証は米国市場での販売に必須であり、多くの機器は自己適合宣言、無線機器や特殊な機器は第三者試験機関による認証が必要です。

・VCCI（日本）：

　日本では、1985 年に関係 4 団体が、情報処理装置、電気通信機器および電子事務用機器からの妨害波がもたらす障害を自主的に防止するため「情報処理装置等電波障害自主規制協議会（略称 VCCI）」を設立しました。その後に法人化し、現在では一般財団法人 VCCI 協会となり、電子・電気装置の妨害波や障害の抑止について自主的に規制し、それらを利用する国内の消費者の利益を擁護することを目的として活動しています。日本国内での販売には必須ではありませんが、多くの企業が機器の信頼性を示すために VCCI マークに関心をもっています。VCCI は会員企業に対して、主に情報技術機器（パソコンや周辺機器、事務機器など）から発する妨害波ノイズ（エミッション）の自主的な規制を求めています。会員企業は機器が規制値に適合した証に VCCI マークを表示することができます。

・電気用品安全法：

　電気用品安全法（Electrical Appliance and Material Safety Law）は、日本国内において使用される電気用品の製造、輸入、販売等を規制するとともに、電気用品の安全性の確保につき民間事業者の自主的な活動を促進することにより、電気用品による危険及び障害の発生を防止するするための法律です。この法律は、電気用品が原因の火災や感電などの事故や電磁的ノイズによる障害を防止し、消費者の安全を守ることを目的と

しています。電気用品安全法では、対象となる製品（電気温水器、電熱式・電動式おもちゃなど全116品目）を特定電気用品（PSEマークの「ひし形」）に、その他の製品（電気冷蔵庫、テレビジョン受信機など全341品目）を電気用品（PSEマークの「丸形」）に分類し、それぞれの技術基準に基づいて安全性の適合確認を求めています。特定電気用品は、第三者指定機関による適合性試験が必要で、その他の電気用品については、製造業者や販売業者が自主的に確認を行うことが義務付けられ、電気用品には必ずPSEマークを表示しなければならず、未表示品や規格不適合品の販売は禁止されています。これにより、国内市場に流通する電気製品の安全性が確保され、消費者が安心して製品を利用できる環境が整えられています。

３−２−３　コンプライアンスと適合プロセス

　電気・電子機器の安全性と市場での競争力を確保するためEMC規格への適合は必須です。そのためには、設計段階から電気・電子機器が適用される規格を満たすように試験と評価を行う必要があります。

EMC試験：

　設計段階のEMC評価が設計目標に達した後、製品としてもEMC試験を専門のEMC試験設備（試験機関など）で実施し、エミッション及び必要な場合はイミュニティが基準に適合することを評価します。EMC試験設備の選び方について後述します。

▶ 第3章　EMC評価とテストの基礎

認証の取得とマーク表示：

　EMC 試験を実施し規格に適合していることを確認できた後、製品の製造業者または販売業者は規制・規格への適合宣言を行い（または、無線機器や医療機器などは規制当局の認証を取得し）、その証として CE マーク、FCC マーク、VCCI マークなどの適合マークを製品に表示します。製品に適合マークを表示することで、消費者や取引先に製品の安全性と信頼性を保証します。

EMC 規制とコンプライアンスの重要性：

　EMC 規制に対するコンプライアンスの重要性は、製品の安全性と信頼性の確保にとどまらず、製品が電磁波障害によって誤作動や品質低下を引き起こすと消費者からのクレームとなり、また、最悪の場合は製品リコールの原因となり、企業の評価を損なうリスクを伴います。したがって、適合マークが表示された製品は国際市場における流通がスムーズになり、製品の市場価値が向上し、製造業者や販売業者のコンプライアンス遵守を表し競争力を向上させます。

- 84 -

3－3　EMC 試験所

　EMC 試験所の要件は、電気・電子機器の電磁両立性（EMC：Electromagnetic Compatibility）を適切に評価するために必要な試験設備、技術的能力、試験要員の能力、試験所運営のような条件を指します。これらの要件は、試験所が実施する試験が精度の高いかつ信頼性の高い結果を依頼者に提供し、国や地域の EMC 規制に対応する評価を行うために必要不可欠です。このように EMC 試験所は製品が市場で流通するための適合証明や認証プロセスにおいて重要な役割を果たします。

3－3－1　設備の要件

　EMC 試験所が適切で精度の高い試験を実施するためには、下記のような試験設備が必要です。

電波暗室：
　電波暗室は、外部からの電磁波をほぼ遮蔽し、試験対象装置や電波暗室付帯設備のような内部で発生する電磁波の外部への漏洩を防ぎ精度よく試験・測定するための施設です。電波暗室は、構造的には電磁波を遮蔽するシールドルーム、その内部の壁と天井は電波吸収材で覆われており、内部の反射波や外部干渉を防ぐことで、製品の放射エミッション（Radiated Emission）を精度よく測定できます。また、放射 RF 電磁界イミュニティ試験では外部への漏洩を防ぎ、電波法規に抵触することなく試験を実施することができます。

－ 85 －

▶第3章　EMC評価とテストの基礎

シールドルーム：

　外部からの電磁干渉を遮蔽した試験室で、電気・電子機器の電源線や通信線上の伝導エミッション（Conducted Emission）、電磁波ノイズを機器に注入するイミュニティ試験（耐性試験）を行う際に使用されます。適切に設計されたシールドルームは良好な遮蔽性能を有しており、試験環境の再現性を保つために重要です。

高精度の計測・試験機器：

　放射エミッションや伝導エミッションの電磁波ノイズを測定するための専用アンテナ、スペクトラムアナライザ、テストレシーバ、擬似電源回路網、前置増幅器などが必要です。また、イミュニティ試験のための信号発生器、電力増幅器、RF 電力計、電磁界センサ、放射用アンテナ、ESD（静電気放電）試験装置、サージ試験機などが必要です。これらの機器は、国際規格（CISPR16-1 シリーズ）に適合していることが必須です。

試験・測定機器の定期的な校正：

　試験・測定機器や施設全体の性能を維持・検証するため、機器の定期的な校正が必須です。校正は ISO/IEC 17025 などの国際基準に適合した校正試験所（業者）にて実施する必要があります。

３－３－２　試験所運営の要件

　試験所を運営するうえでの要件は次の通りです。

認定の取得：

　認定・認証試験を実施する EMC 試験所は、ISO/IEC 17025（試験所及び校正機関の能力に関する国際基準）を取得していることが求められます。この認証は、試験所の運用プロセスや技術的能力が国際的に認められた基準に従っていることを示します。

国際規格に適合した試験の実施能力：

　EMC 試験所は、CISPR（国際無線障害特別委員会）や IEC（国際電気標準会議）などで標準化された国際規格に基づいて試験を実施する能力を備えている必要があります。また、各国の規制・規格（CE マーク、FCC、VCCI など）にも対応できるように規制当局の動向に関する知見を有することが求められます。

３－３－３　技術者の要件

　試験所の技術者は、EMC に関わる電磁工学、伝送経路、高周波回路に関する深い知識と経験を持ち、各種試験設備を適切に操作する能力が必要です。また、国際規格や国・地域の規制動向に対する最新の理解を有することが求められます。そして、試験所の運用スタッフは、技術トレンドや規格の更新に対応するため、定期的な教育や研修を受ける必要があります。

▶ 第3章　EMC評価とテストの基礎

　このように、EMC試験所の要件は、設備、運用、環境、技術者のすべてにおいて高い水準が求められます。これにより、安全性と信頼性が担保された製品が市場に出され、使用者が安心して使用されるための土台が築かれます。EMC試験所の能力は、製品の品質や市場参入の成功に直結しており、技術革新が進む中でその重要性はますます高まっています。そのため、製品の規格・設計・量産の各ステップでEMC評価を実施する際のEMC試験所の選択の際、試験を依頼または設備を使用する試験所に関する情報を収集し、そのステップに相応しい試験所を選択することが重要です。

３－４　電源線・伝導エミッション試験法

３－４－１　試験規格

1）測定周波数範囲

　規格で定められている測定周波数範囲は 150 kHz から 30 MHz です。ただし、CISPR 11 や FCC Part 18 などの ISM（産業・科学・医療）機器では、交流電源ポートに対しては、試験周波数範囲が 9 kHz から 30 MHz となっています。一般的には、交流電源ラインから電力を供給される装置が対象とされますが、測定の原理上は直流電源機器でも測定が可能です。したがって、車載機器や送受信器、IEC/EN 61000-6-3 の対象機器など、直流電源機器にも測定が要求される場合があります。

用語解説

　ISM（Industrial, Scientific, and Medical）機器は、工業用、科学用、医療用で使用される電子機器や高周波利用機器を指す用語です。ISM バンドとしても知られる一連の無線周波数帯域は、高周波利用機器が運用するために割り当てられており、電子レンジや高周波ウェルダがその代表例です。

　ISM 機器は、例えば以下のような用途で使用されます：

1．工業用途：高周波加熱、超音波洗浄、高周波照明、自動制御システム、産業用無線通信、センサーネットワークなど。

2．科学用途：科学研究実験やデータ収集のためのセンサーや計測機器。

3．医療用途：医療機器、高周波治療器、病院の情報システム、患者モニタリング装置など。

2）電源ポート伝導妨害波の許容値

図 3-1 に CISPR 32、VCCI で要求されている Class A と Class B 装置の許容値を示します。

許容値を適用する際には下記に注意して下さい。

1) 許容値の単位は $1\,\mu V$ を $0\,dB$ とします。
2) Class B 許容値は、$150\,kHz \sim 500\,kHz$ の範囲では周波数の対数に対して直線的に減少します。
3) 準尖頭値検波での測定結果が平均値許容値を満たす場合、その周波数での平均値検波測定は省略できます。
4) 許容値が切り替る周波数の境界では、値の低い方の許容値を適用

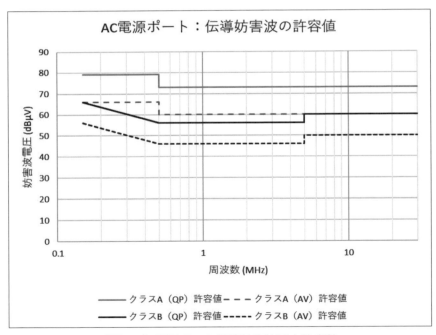

〔図 3-1〕電源ポート伝導妨害波測定許容値

します。

　図 3-1 から、許容値は準尖頭値検波と平均値検波の両方で規定されているので、原則的には両方の検波で測定を実施し要求を満足しているかどうか確認する必要があります。

３－４－２　測定装置

1）擬似電源回路網（AMN: Artificial Mains Network, LISN: Line Impedance Stabilization Network）

　供試装置（EUT）の電源ポートに誘起される妨害波電圧の測定を行なうために用いる回路網で CISPR 32、FCC Part 15 等では 50 Ω/50 μH または 50 Ω/50 μH+5 Ω の擬似電源回路網（AMN）を試験に使用します。他の規格（例えば CISPR 25）では 50 Ω/5 μH の AMN を使用する場合もあります。AMN を用いる理由は以下の通りです。

1）テストレシーバや、スペクトラムアナライザ等の妨害電圧測定器と接続するために使用します。
2）供給電源側から回り込む雑音を抑制するために使用します。
3）EUT の電源側から見たインピーダンスを一定にするために使用します。

　基本的な特性を図 3-2 に、電源ポート線伝導妨害波測定原理と AMN 回路図を図 3-3 に示します。以下に示した基本的な特性は、少なくとも年に 1 回は校正を実施する必要があります。

▶第3章 EMC評価とテストの基礎

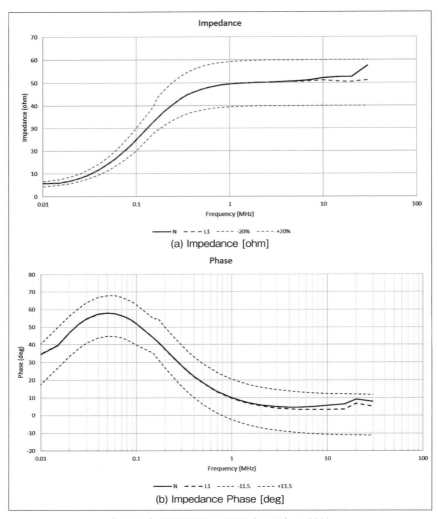

〔図3-2〕擬似電源回路網(AMN)の特性

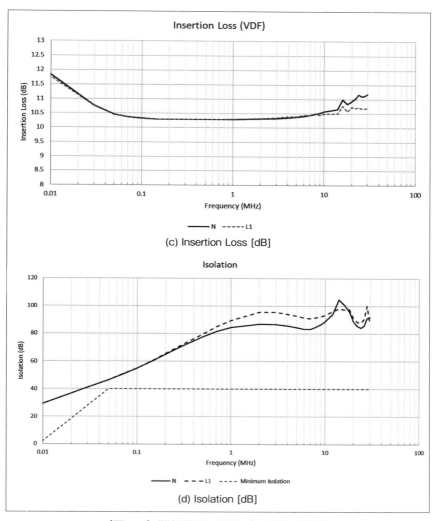

〔図 3-2〕擬似電源回路網（AMN）の特性

- EUT ポートのインピーダンス特性 Z_{CE}（RF OUT 50 Ω 終端時の特性）：理論値 ± 20%

- EUT ポートの位相特性：0° ± 11.5°

- EUT ポートと RF 出力ポート間の挿入損失：周波数特性が平坦で、小さい方が望ましい

- 分離度（電源供給端子と RF 出力ポート間）：>40 dB

- RF 出力ポートの VSWR：<1.2（RF 出力ポートに 10 dB 程度の固定減衰器を挿入して下さい。）

AMN のインピーダンス特性に関して、AMN 自身のインピーダンス特性は 50 Ω 一定では無いので、AMN のインピーダンスのズレが測定結果に影響されることに注意して下さい。

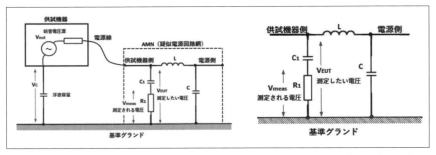

〔図 3-3〕電源ポート線伝導妨害波測定原理と擬似電源回路網（AMN）回路図

2) ハイインピーダンスプローブ

負荷及び制御端子のような電源端子以外の端子で妨害波測定を行うときに使用します。また、一線当たり 100 A を超え AMN が使用できない場合の電源端子測定にも使用します。

図 3-4 には、電源導体と基準アース間の妨害電圧を測定するための回路を示します。ハイインピーダンスプローブは、阻止コンデンサ C 及び導体アース間の総合抵抗値が 1,500 Ω となるような抵抗器で構成されています。

〔表 3-1〕負荷および制御端子の伝導妨害波測定

規格	周波数範囲
CISPR 11	150 kHz ～ 30 MHz
CISPR 15	150 kHz ～ 30 MHz
CISPR 14-1	148.5 kHz ～ 30 MHz
電気用品安全法 5 章	526.5 kHz ～ 30 MHz

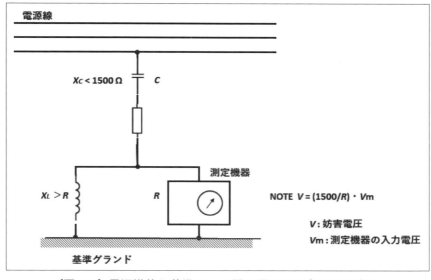

〔図 3-4〕電源導体と基準アース間の電圧を測定する回路図

▶ 第3章　EMC評価とテストの基礎

　ハイインピーダンスプローブに接続されたリード線、試験対象の電源
導体及び基準アースによって成り立つループは、外部の強い磁界の影響
を防ぐために、そのループ面積をできるだけ小さくする必要があります。

3) 測定受信機（テストレシーバ、スペクトラムアナライザ）

　測定に使用するテストレシーバは、CISPR 16-1-1 の要求事項を満たし
ていなければなりません。また、EUT の妨害波のスペクトラム分布を
スペクトラムアナライザを使用して確認します。

３－４－３　始業前点検

　測定を開始する前に、測定器系が正常に動作しているかどうかを確認
するために、始業前点検を実施します。電源ポート伝導妨害波測定では、
次の測定系を確認する必要があります。

・AMN またはハイインピーダンスプローブの正常性
・伝送経路の正常性
・テストレシーバの正常性

　実施方法として、AMN の一次側に給電しない状態で EUT コンセント
に発信器（コムジェネレータ）の RF 出力を入力し、AMN の L 相（一線 /
大地間）、N 相（他線 / 大地間）共に測定を実施し、基準値との偏差が例
えば ± 2dB 以内であれば測定系に異常がないと判断することができま
す。

－ 96 －

３－４－４　測定配置

1）共通事項

1. テストテーブルの金属基準面の適用（水平／垂直）、AMN を各規格に従って配置します。

2. 通常、許容値は準尖頭値（Q-Peak）と平均値（Average）共に設定されていますので両方ともに測定します。

2）測定セットアップ

1. EUT と周辺機器は、通常の使用状態で配置します。

2. AMN は水平基準金属面に固定します（アース接地をできる限り面で接触させます）。

3. AMN と EUT は 80 cm 離し、EUT の電源線の余長分は 30 〜 40 cm に折り返して束ねます。

4. EUT の電源は CVCF（Constant Voltage Constant Frequency：定電圧定周波数）安定化電源から仕向け地に合った電源電圧／周波数を供給します。

5. 周辺機器（AE）の電源は、EUT とは別系統の電源から 2 台目の AMN（RF 出力端子は 50 Ω で終端）を経由して供給します。同じ電圧の装置が 2 つ以上ある場合は、短い電源コード付きテーブルタップを補

▶ 第3章 EMC評価とテストの基礎

助に使って供給します。卓上型用の高さ 80 cm のテストテーブルを使用する場合は、EUT 用 AMN 配置場所の反対側に AE 用 AMN を配置します。

6. 遠隔地の配置を意図した装置の場合、信号線はいったん絶縁された床に落として試験領域外に配置した装置に接続します。

7. EUT にアウトレット電源端子を有する場合は、他の装置の電源をその端子から給電した場合と、AE 用 AMN より給電した場合の両方を測定します。

3) 卓上装置の配置例（垂直基準面）

(1) EUT は垂直基準面から 40 cm 離します。

(2) 全ての装置は 10 cm 間の間隔で配置します。

(3) キーボードは、テーブルの前縁に揃え、マウスはキーボード側面に揃えて配置します。

(4) EUT と AMN は、EUT の外観の最も近い部分から 80 cm の所に配置します。CISPR 32 では電源コードの余長部分を 30 cm〜40 cm の長さで束ねます。

(5) 擬似電源回路網は、水平基準金属面に AMN 底面が面接触となるように置き、蝶ネジ等で固定します。

(6) モニタの位置は PC の後面に合わせます。FCC の場合は PC の前面に合わせます。

(7) 機器間を接続するケーブルは水平基準面から 40 cm の高さ、中央付近で 30 cm〜 40 cm の長さで束ねます。

− 98 −

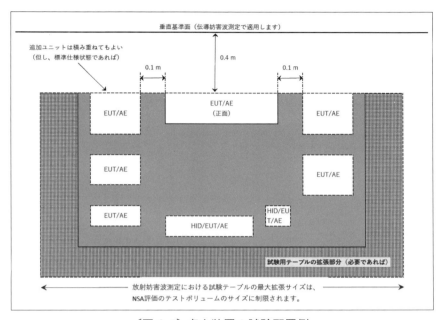

〔図 3-5〕卓上装置の試験配置例
（参考：CISPR 国内答申「マルチメディア機器の電磁両立性－エミッション要求事項」）

(8) 周辺機器（AE）の電源線は 15 cm 以下の絶縁板を使用し基準面より絶縁して下さい。
(9) PC がタワー型の場合は、ディスプレイは PC の右側か左側の、いずれかに配置します。

4) 卓上装置の配置例（水平基準面）

(1) 他の金属面から 80 cm 以上離します。
(2) モニタの位置は PC の後面に合わせます。FCC の場合は PC の前面に合わせます。

▶第3章 EMC評価とテストの基礎

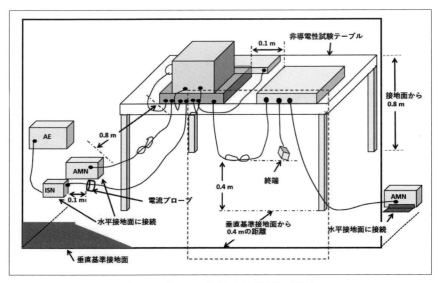

〔図3-6〕EUTと垂直基準面の距離

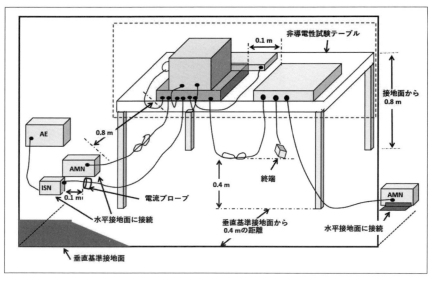

〔図3-7〕テストテーブル上のEUT配置

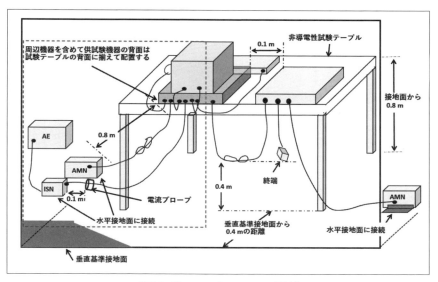

〔図 3-8〕EUT と AMN の距離

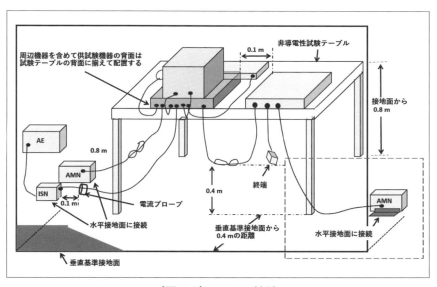

〔図 3-9〕AMN の接地

▶第3章　EMC評価とテストの基礎

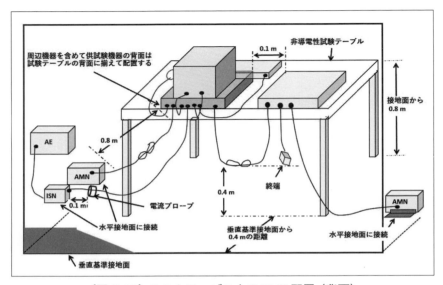

〔図 3-10〕テストテーブル上の EUT 配置（背面）
（参照：情報通信審議会答申「無線周波妨害波及びイミュニティ測定装置と測定法に関する規格　第 2 部第 1 編 伝導妨害波の測定」）

(3) 装置間のケーブルは水平基準面から 40 cm の高さ、中央付近で 30 cm 〜 40 cm の長さで束ねます。

(4) 周辺機器（AE）の電源線は 15 cm 以下の絶縁板を使用し基準面より絶縁して下さい。

5）床置型装置の配置例（水平基準面）

(1) 絶縁板の厚さは 15 cm 以内とします（FCC Part 15 では 12 mm 以内とします）。

(2) 装置間のケーブルは絶縁板上、中央付近で 30cm 〜 40 cm の長さに束ねます。

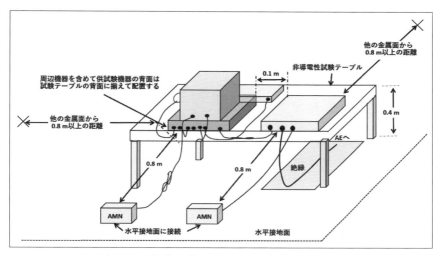

〔図 3-11〕卓上装置の配置例（水平基準面）
(参照：情報通信審議会答申「マルチメディア機器の電磁両立性－エミッション要求事項－」)

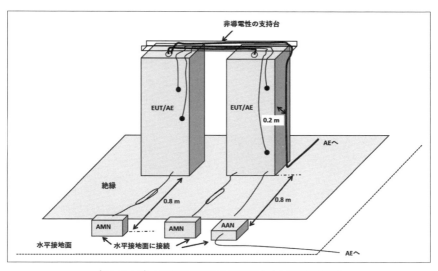

〔図 3-12〕床置型装置の配置例（水平基準面）
(参照：情報通信審議会答申「マルチメディア機器の電磁両立性－エミッション要求事項－」)

▶第3章 EMC評価とテストの基礎

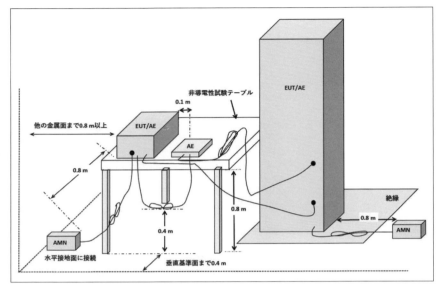

〔図 3-13〕卓上型装置と床置型装置の配置例（水平基準面）
（参照：情報通信審議会答申「マルチメディア機器の電磁両立性－エミッション要求事項－」）

6) 卓上型装置と床置型装置の配置例（水平基準面）

(1) 絶縁板の厚さは CISPR 32 および VCCI の場合 15 cm 以内、FCC Part 15 では 12 mm 以内とします。

(2) 装置間のケーブルは水平基準面から 40 cm の高さで束ねます。40 cm を下回る場合はケーブルコネクタの高さで束ねます。

　卓上の装置の配置については図 3-13 の卓上装置の配置例を参照して下さい。

7) ハイインピーダンスプローブの配置

・測定対象線や端子に対してプローブが垂直に接触するよう配置しま

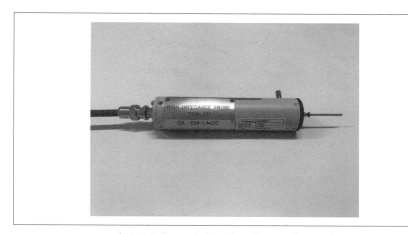

〔図 3-14〕ハイインピーダンスプローブ

す。

・プローブが測定箇所に対して斜めに接触すると、測定対象線とプローブが容量性結合してしまい、不安定な測定になります。

・ハイインピーダンスプローブのアース線は最短距離で基準金属面に接続して下さい。

3-4-5 測定手順

1) 妨害波の予備測定

(1) スペクトラムアナライザを下記のように設定し、スペクトラムアナライザの入力端子と AMN の RF 出力端子を同軸ケーブルで接続し（必要に応じてトランジェントリミッター、アッテネータ、等を接

▶ 第3章　EMC評価とテストの基礎

続）、エミッションの最大レベルが画面内に入るように Reference-
Level を適切な値に設定します。

[スペクトラムアナライザ設定値]

・測定レベル	dBμV
・Start Freq.	測定周波数範囲の下限周波数
・Stop Freq.	測周波数範囲上限周波数
・RBW	10 kHz 注：測定周波数 150 kHz 以下では 300 Hz に設定する
・VBW	通常 RBW の 3 倍以上
・ATT	AUTO
・dB/DIV	10 dB / DIV
・SWEEP TIME	AUTO

・測定周波数範囲が 150 kHz-30 MHz の際、画面上で表示されていない
150 kHz 以下でレベルの高いノイズが発生している場合、スペクトラ
ムアナライザのミキサーが飽和することがあります。事前にスペクト
ラムアナライザの周波数範囲を 9 kHz-150 kHz に設定し、レベルの高い
ノイズが発生していないか確認することが大切です。レベルの高いノ
イズが発生している場合、追加でアッテネータを挿入するか、150 kHz
以下を遮断するハイパスフィルタを使用して下さい。

・150 kHz 以下のエミッションを測定する場合、RF 入力結合を AC カップ
ルから DC カップルに切り替えて測定して下さい。

(2) 測定値が最大となる配置及び動作モードを確定し、EUT システムか
らの妨害波スペクトラムの特徴（EUT の動作の過程で派生、時間的
に変動するノイズ等）を確認し把握した後に、スペクトラムアナラ
イザの TRACE "A" の MAX HOLD キーを押し、EUT システムの、一

連動作を数回程度終えるまで画面データを蓄積します。

(3) スペクトラムアナライザの TRACE "A" の VIEW キーを押して画面
データを固定します。一旦、スペクトラムアナライザの入力から同
軸ケーブルを外して AMN の相を切換え、同軸ケーブルを再接続、
TRACE "B" に変更し、TRACE "B" の MAX HOLD を繰り返します。

(4) スペクトラムアナライザの TRACE "B" の VIEW キーを押して画面
を固定し、マーカーで測定ポイントを選択します。

(5) エミッションが集中してポイントが選択しにくいときはスペクトラ
ムアナライザの測定周波数範囲を分割して、上記 (3) 項を繰り返し
ます。

2) テストレシーバによる測定 (最終測定)

(1) AMN の出力をテストレシーバ側に切替え、下記のように設定します。

・測定レベル	dBμV
・検波モード	QP 検波／ CISPR-AV 検波
・帯域幅	BAND A: 200 Hz（周波数範囲 9 kHz ～ 150 kHz） BAND B: 9 kHz（周波数範囲 150 kHz ～ 30 MHz）
・入力アッテネータ	通常 AUTO（一連の動作中にレベル変動が大きくてアッテネータの 自動設定が応答しない場合は解除し、手動で適切な値に設定します）
・プリアンプ	OFF
・測定時間	1 sec

(2) FREQ －○○ . ○○○ MHz と入力し、測定レベルの指示値が最大と
なるように周波数微調ダイヤルを回して調整します。

▶ 第 3 章　EMC評価とテストの基礎

(3) テストレシーバの **CAL**（校正）キーを押します。

　※最新型のテストレシーバには **CAL** キーが無く、定期的にセルフ
　アライメントが実行されます。

(4) 指示値を読み、周波数とレベルを記録して下さい。

　測定レベルが変動する場合は、少なくとも 15 秒間観測して最大値
を記録します。また非常に短い周期で孤立したエミッションは観測
する必要はありません。

　CISPR 32 では、2 分間以上の観測で、次の 2 つの条件が満たされた場
合は、孤立したエミッションが該当する許容値を超えても許容されます。

・エミッションが 1 秒以上許容値を超えない

・任意の 15 秒間において、エミッションが 2 回以上許容値を超えない

(5) **AMN** の相を切換えて（2）〜（4）を繰り返す。他の測定周波数につい
ても同様に行います。

(6) 電源ポート伝導妨害波電圧値は次式から求めて下さい。

　　伝導妨害波電圧 [dBµV] = 測定器の指示値 [dBµV] + 補正値 [dB]

　注：補正値には（**AMN** の挿入損失（**VDF**））、同軸ケーブル、アッテネー
　　　タ、ハイパスフィルタの損失が含まれます。

注記

・**QP** 検波測定 ⇒ **CISPR-AV** 検波測定の順に測定を行います。

・広帯域ノイズの中に狭帯域ノイズが埋もれている場合、**CISPR-AV** 検

− 108 −

波で測定周波数を微調整して探ることが重要です（測定値が CISPR-AV 許容値に対してマージンが少ない時）。

・ノイズの持続時間 vs 周期の比が低い間歇ノイズの場合、平均値と準尖頭値との差が大きくなりますので注意を要します。

・EUT の電源投入時や遮断時にサージ電圧が発生することもありますので、その際には同軸ケーブルをテストレシーバの入力から取り外して下さい。

▶ 第3章 EMC評価とテストの基礎

3−5　放射エミッション測定法（〜1 GHz）

　本節では、機器から発生する妨害波の内、機器から空間に放出する電磁波の放射妨害波（放射エミッション）に関する試験規格や測定方法を解説します。

3−5−1　試験規格

1）測定周波数範囲
　多くの機器に対する放射エミッションの測定周波数範囲は 30 MHz 〜 1000 MHz です。CISPR 32、VCCI では規制されてはいませんが、CISPR 11（グループ2）や FCC Part 18 等の ISM 機器の場合、測定周波数範囲は 30 MHz 以下の放射エミッション測定（ループアンテナによる磁界強度）も要求されています。また近年のクロックスピードの高速化や無線周波数の高周波化により、機器の動作に使用されている最高動作クロック周波数によって測定上限周波数が 1 GHz 以上となる場合もあります。

　表 3-2 に各規格における測定上限周波数範囲を示します。

2）許容値
　図 3-15 から図 3-18 に CISPR 32、VCCI で要求されている Class A と Class B 装置の許容値、FCC Part 15 Subpart B の許容値を示します。30 MHz から 1000 MHz の周波数帯では準尖頭値（QP）で許容値が規定されています。1000 MHz 以上の周波数では尖頭値（PK）と平均値（AV）で許容値が規定されています。

− 110 −

〔表 3-2〕各規格による測定上限周波数

規格	条件	測定上限周波数
CISPR 11	内部最高周波数が 400 MHz 以上（グループ 2 機器）	18 GHz まで
CISPR 32 VCCI	内部最高周波数が 108 MHz から 500 MHz 未満	2 GHz まで
	内部最高周波数が 500 MHz から 1 GHz 未満	5 GHz まで
	内部最高周波数が 1 GHz 以上	最高周波数の 5 倍または 6 GHz のどちらか低い周波数まで
FCC Part 15	内部最高作周波数が 108 MHz から 500 MHz 未満	2 GHz まで
	内部最高周波数が 500 MHz から 1 GHz 未満	5 GHz まで
	内部最高周波数が 1 GHz 以上	最高周波数の 5 倍か 40 GHz のどちらか低い周波数まで
FCC Part 18	内部最高周波数が 500 MHz から 1 GHz 未満	最高周波数の 10 倍の高調波まで
	内部最高周波数が 1 GHz 以上	最高周波数の 10 倍の高調波か検出できる一番高い周波数まで

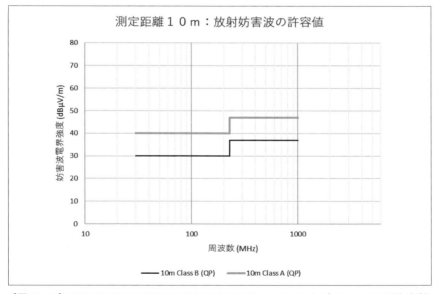

〔図 3-15〕CISPR 22 / CISPR 32 / VCCI Class A および Class B の許容値
（測定距離：10 m） ※ 1 GHz 超は測定距離 3m

▶第3章　EMC評価とテストの基礎

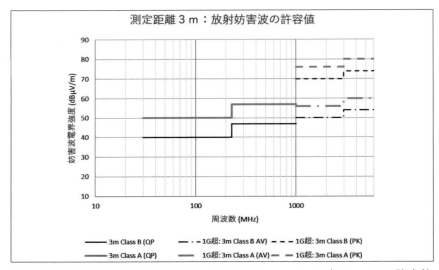

〔図 3-16〕CISPR 22 ／ CISPR 32 ／ VCCI Class A および Class B の許容値
（測定距離：3m）

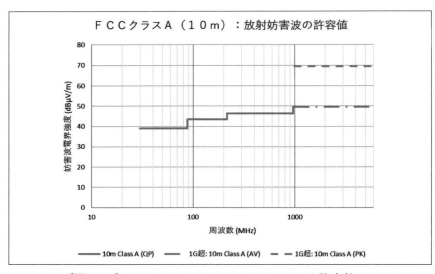

〔図 3-17〕FCC Part15 Subpart B Class A の許容値

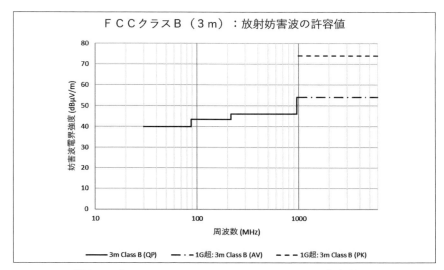

〔図 3-18〕FCC Part15 Subpart B Class B の許容値

許容値を適用する際の注意事項です。

・許容値の境界周波数では、値の低い許容値を適用します。

・FCC Part 15 Subpart B の Class B の許容値は測定距離 3 m で規定、Class A の許容値は測定距離 10 m で規定されています。

・1 GHz 超の許容値は測定距離 3 m で規定されています。

3－5－2　測定装置

3) 測定サイトの性能検証

NSA：正規化サイトアッテネーション（1 GHz 以下の試験場評価）

▶第3章　EMC評価とテストの基礎

電波暗室内の電波伝搬特性（床面や周囲からの影響など）を確認します。NSA 測定値が理論値に対して±4 dB 以内であれば適合しています。

4）測定用受信機（テストレシーバ、スペクトラムアナライザ）

放射エミッション電界強度の許容値は、規格において準尖頭値検波で規定されています。そのため、使用する測定用受信機は CISPR 16-1-1 に規定されている検波特性を有するものを使用しなければなりません。1 GHz 以上における測定においては、測定用受信機としてテストレシーバよりもスペクトラムアナライザを用いることが多く、その場合、通過帯域幅の設定は、スペクトラムアナライザに標準装備されている RBW（Resolution Band Width）の 3 dB 帯域幅ではなく、インパルス帯域幅（Bimp）を適用すること規定されていますので、1 GHz 以上の測定にス

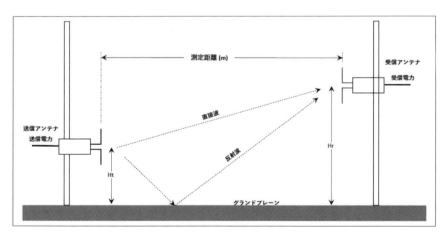

〔図 3-19〕NSA：正規化サイトアッテネーション
（参照：諮問第 3 号「国際無線障害特別委員会（CISPR）の諸規格について」のうち「無線周波妨害波及びイミュニティ測定装置の技術的条件　第 1 部－第 4 編：無線周波妨害波及びイミュニティの測定装置－放射妨害波測定用のアンテナと試験場－」）

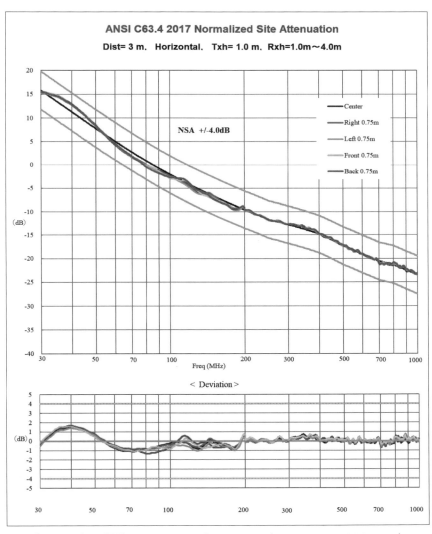

〔図 3-20〕正規化サイトアッテネーション (30 MHz 〜 1000 MHz)

▶ 第3章　EMC評価とテストの基礎

ペクトラムアナライザを使用する場合には、その特性を確認してから使用して下さい。

5) 前置増幅器 (プリアンプ)

　測定感度を改善するために前置増幅器（プリアンプ）を使用します。プリアンプは下記の特性を有することが推奨されています。

・利得（Gain: ゲイン）は測定の目的に合った適切な値を有すること（例えば、30 dB 程度）。

・利得（Gain: ゲイン）の周波数特性は測定周波数範囲に渡って平坦な特性を有すること（例えば、± 2 dB 程度）。

・入力 vs 出力レベルの直線性が良好であること（プリアンプの多くは、入力レベルが -10 dBm を超えると直線性が損なわれてきますので注意して下さい）。

・雑音指数（NF: Noise Figure）の値が可能な限り低い方がよい（例えば、NF: ≦ 2 dB）。NF値が大きいと測定感度の改善効果が薄れてしまいます。

・パルス変調された RF 信号の立ち上がり時間特性を確認して下さい。

6) 測定アンテナ

　放射エミッション電界強度の測定には、CISPR 16-1-4 に規定されたアンテナを使用して下さい（広域アンテナの例：図 3-21）。

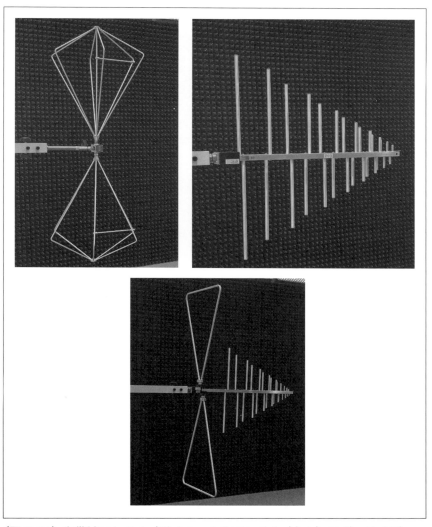

〔図 3-21〕広帯域アンテナ（バイコニカルアンテナ（左上）、ログペリオディックアンテナ（右上）、ハイブリッドアンテナ（下））

▶ 第3章　EMC評価とテストの基礎

CISPR 32 を適用する測定で使用するアンテナは、ANSI C63.5 で規定されたアンテナ校正手順を使用した自由空間アンテナ係数を適用して下さい。

３－５－３　始業前点検

1) 始業前点検について

　測定に先立ち、測定系が正常に動作しているかどうかを確認するために、始業前点検を実施して下さい。放射エミッション測定では、受信アンテナ→同軸ケーブル→中継コネクタ→経路切替スイッチ→プリアンプ→テストレシーバの正常性をチェックすることが重要です。

　一般的な方法は、コムジェネレータの RF 出力に送信アンテナを接続、電波暗室内のターンテーブル上のテストテーブルの中央に配置し、そのときの受信レベルを測定し結果を記録します（図 3-22）。記録値が 10 個程度集まりましたら統計解析し、正規分布の 2σ または 3σ の範囲を基準値として、その範囲であれば正常であると判断できます（通常、基準値 ± 1.5 dB 程度）。

３－５－４　供試機器（EUT）の配置

1) IT 機器、マルチメディア機器の測定配置

・卓上機器の場合は、非導電性のテストテーブル上に配置します。テストテーブルのサイズは 1.5 m × 1.0 m × 0.8 m（h）、材質は非誘電率の低い材料（例えば、発泡材など）を使用して下さい。

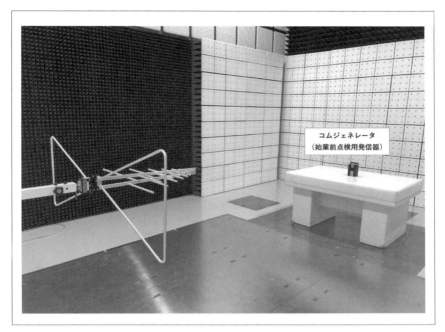

〔図 3-22〕始業前点検配置の例

- 卓上機器が本体と周辺機器のシステムで構成される場合は、テストテーブルの背面に沿って機器を並べ、機器を接続するインタフェースケーブルに余分な長さがあれば中央付近で 40 cm 以内に束ね、床面（水平基準金属面）からの高さが 40 cm となるように配置して下さい。

- 床置き機器の場合、床面（水平基準面）上の高さ 15 cm 以下の非導電性絶縁体上に配置します。

- 床置き機器の間または、床置と卓上機器の間のインタフェースケーブル等の接続ケーブルは中央付近で 40 cm 以内に束ねて絶縁台上に配置

▶ 第3章　EMC評価とテストの基礎

します。

・すべての機器は、その背面がテストテーブルの後面と同一平面になる
　ように配置します。また、ディスプレイユニットなど、PC の上に載
　せて配置する機器も同様にディスプレイユニットの背面と PC の背面
　が同一になるように配置します。ただし PC がタワー型で縦置きの場
　合は、タワー型 PC の右側か左側のいずれかにディスプレイユニット
　を配置します。

・配置された機器の間隔は原則的に 10 cm とします。ただし、床置き型
　機器の間隔は、製造者の指定に従う場合もあります。

・キーボードはディスプレイユニットの正面でテストテーブルの前縁に
揃えて配置します。マウスがある場合は、キーボードの右側、マウスの
前縁とキーボードの前縁を揃えて配置します。

・電源コードは、卓上機器の場合、テストテーブルの背面からターンテー
　ブルまで自然に垂れ下げ、そのコードを束ねずにターンテーブル上の
　電源コンセントに接続します。

　上記の測定配置は標準的な配置です。規格によっては更に細かく規定
されていますので、実際に測定される場合は事前に各規格の要求を確認
して下さい（例えば、CISPR 32、ANSI C63.4 におけるラックマウント機器、
ハンドヘルド機器、壁掛け機器、天井取付機器などの配置）。

－ 120 －

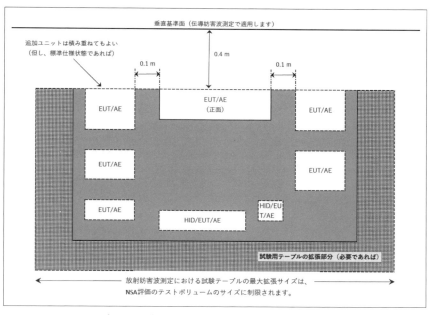

〔図 3-23〕試験配置例（上面から見た図）
（参照：諮問第 3 号「国際無線障害特別委員会（CISPR）の諸規格について」
のうち「マルチメディア機器の電磁両立性－エミッション要求事項－」答申）

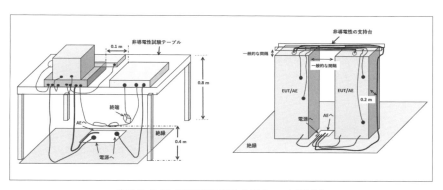

〔図 3-24〕試験配置例（卓上、床置き）

▶ 第3章　EMC評価とテストの基礎

※注記

試験配置及び測定距離に関する注意点です。

CISPR 32 では下記のように規定されています。

・EUT 及びローカル AE はテストボリューム内で最もコンパクトな実使用状態の配置とし、そして標準的な間隔は、上記で説明した間隔とします（標準的に 10 cm）。

・EUT 及びローカル AE の中心点は、ターンテーブルの中心に配置します。

・測定距離は、配置を包含した仮想外周円とアンテナの校正点間の最短水平距離とします。

　キーボードやマウス等のヒューマン・インタフェース・デバイス（HID）は、通常使用に近い構成で配置して下さい。テーブルの奥行が 1 m より長くない場合は HID をテーブルの前縁に配置して下さい。

　AE が測定エリアの外側に配置されている場合には、この測定エリア外に配置されている AE 及びそれに関連付けられたケーブルは、この仮想外周円内にあるとは考えません。

2）外部電源供給ユニット（AC アダプタ）の配置

　標準的な配置は、モジュール間またはユニット間を接続しているケーブルはテストテーブルの後部に垂らします。もし垂らしたケーブルが水平基準面（または床）から 40 cm より近付く場合、ケーブルの中央で 0.4 m 以下の長さに束ね、束ねた部分は水平基準面から 40 cm にします。

　電源入力ケーブルが 80 cm より短い場合は（電源プラグと電源供給部

— 122 —

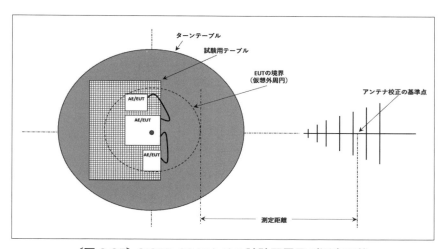

〔図 3-25〕CISPR 32 における試験配置及び測定距離
（参照：諮問第 3 号「国際無線障害特別委員会（CISPR）の諸規格について」
のうち「マルチメディア機器の電磁両立性－エミッション要求事項－」答申）

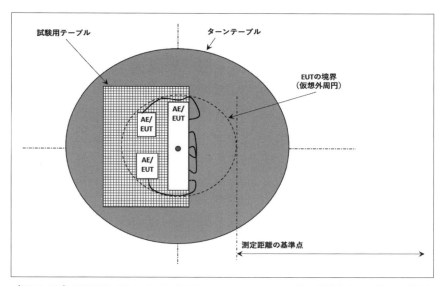

〔図 3-26〕CISPR 32 における EUT、ローカル AE 及び関連ケーブルの境界
（参照：諮問第 3 号「国際無線障害特別委員会（CISPR）の諸規格について」
のうち「マルチメディア機器の電磁両立性－エミッション要求事項－」答申）

▶ 第3章　EMC評価とテストの基礎

が一体になったものを含みます）、電源供給ユニットをテストテーブル
の上に配置できるように延長ケーブルを用いて下さい。延長ケーブルは
電源ケーブルと類似した特性のものを用います（導線数と接地接続の有
無を含みます）。延長ケーブルは電源ケーブルの一部として扱います。

　FCCの場合、ACアダプタがEUTの一部であれば上記配置を適用します。
周辺機器のACアダプタは2次側（DC電源線側）のケール長が80 cm未
満であれば卓上に配置します。80 cm以上であれば水平基準面上に配置
します。

3-5-5　測定手順

1）妨害波スペクトラムの予備測定（30MHz-1000MHz）

(1) スペクトラムアナライザを下記のように設定し、アンテナ受信系（受
　　信アンテナ、アッテネータ、同軸ケーブル、プリアンプ、経路切替
　　を含む）を接続します。

[スペクトラムアナライザ設定値]

・測定レベル	dBμV
・Freq. Range	測定対象の周波数範囲は 30 MHz ～ 1000 MHz ですが、受信アンテナの仕様にあわせて、または、注目したい周波数範囲に Start Freq. および Stop Freq. を設定し、それを繰り返して必要な周波数範囲はカバーして下さい。
・RBW	100 kHz または、CISPR オプション 120 kHz
・VBW	広帯域ノイズを取り逃さないように PEAK 応答を確実にするため、通常 RBW 設定値の3倍以上（300 kHz ～ 1 MHz）に設定します。
・ATT	AUTO（但し、時間的な ON/OFF を繰り返す間歇ノイズで ON Time が短く OFF Time が長い場合、スペアナの IF アンプがオーバーロードにならないように、手動で ATT 調整を要する場合があります。）
・dB/DIV	10 dB / DIV
・Sweep Time	AUTO

放射エミッション測定に使用している受信アンテナやプリアンプの定格周波数範囲が、測定周波数範囲 30 MHz ～ 1000 MHz を超えていることが通例です。測定周波数範囲外で強力なエミッションが発生している場合、プリアンプ動作の直線性を超えてしまい飽和する危険性があります。これを避けるために、事前にスペクトラムアナライザの周波数範囲（Start Freq. および Stop Freq.）を受信アンテナおよびプリアンプの定格周波数範囲に設定し、強力なエミッションが発生していないかを確認して下さい。強力なエミッションが確認された場合、プリアンプの入力段に、可能であればステップアッテネータ（10 dB ステップ）を標準装備し、その設定値を増加させてプリアンプが飽和していないことを確認して下さい。

　特に、Wi-Fi や Bluetooth 無線モジュールを搭載した機器を測定する場合は、非常に強い電波を放射しているため、プリアンプの入力段に無線送信周波数の帯域をカットするような Band Stop Filter（Notch Filter とも称する）を挿入して無線送信周波数は排除して下さい。

(2) 測定値が最大となる配置及び動作モードを確定し、EUT システムからの妨害波スペクトラムの特徴（EUT の動作の過程で派生、時間的に変動するノイズ等）を確認し把握した後に、スペクトラムアナライザの TRACE "A" の MAXHOLD キーを押し、ターンテーブルを回転、そして受信アンテナを高さ 1 m ～ 4 m 昇降させ、最大値を HOLD します。EUT システムの動作に時間がかかる場合は、ターンテーブルの回転速度を遅くするなど適宜調整して下さい。

(3) スペクトラムアナライザの TRACE "A" の VIEW キーを押して画面を固定し、マーカーで測定ポイントを選択します。

▶第3章　EMC評価とテストの基礎

(4) 受信アンテナを垂直偏波に切り替えて (2) ～ (3) を繰り返します。

2) テストレシーバによる測定 (最終測定) (30-1000MHz)

(1) 受信アンテナ経路をテストレシーバ側にし、下記のように設定します。

・測定レベル	dBμV
・検波モード	QP 検波
・帯域幅	BAND C: 120 kHz
・入力アッテネータ	通常 AUTO (一連の動作中にレベル変動が大きくてアッテネータの自動設定が応答しない場合は解除し、手動で適切な値に設定します)
・測定時間	1sec

(2) 予備測定で検出された妨害波に注目し、記録されたターンテーブルの角度、受信アンテナ高さに設定します。
FREQ －○○．○○○ MHz と入力し、測定レベルの指示値が最大となるように周波数微調ダイヤルを回して調整します。

(3) 受信アンテナを任意の高さ (予備測定で検出した時の高さ、または 1 m) でターンテーブルを回転させ、妨害波が最大となる位置で止め、次に受信アンテナを 1 m ～ 4 m の範囲で上下させて妨害波が最大となる高さで止めます。予備測定時のターンテーブル角度と受信アンテナ高さが異なる場合は、念のために操作を繰り返し、最大位置を探って下さい。

(4) テストレシーバの周波数ダイヤルを回して微調整し、受信レベルの最大値を確認します。
テストレシーバの CAL (校正) キーを押します。
※最新型のテストレシーバには CAL キーが無く、定期的にセルフ

- 126 -

アライメントが実行されます。

(5) テストレシーバの指示値を読み、周波数とレベルを記録して下さい。測定レベルが変動する場合は、少なくとも 15 秒間観測して最大値を記録します。また非常に短い周期で孤立した妨害波は観測する必要はありません。

CISPR 32 においては、2 分間以上の観測で、次の 2 つの条件が満たされた場合は、孤立した妨害波が該当する許容値を超えても無視することができます。

・妨害波が 1 秒以上許容値を超えない

・任意の 15 秒間において、妨害波が 2 回以上許容値を超えない

(6) 受信アンテナを垂直偏波に設定して、上記の測定手順を繰り返します。そして、他の妨害波についても同様に測定を実施します。

(7) 妨害波電界強度値は次式から求めて下さい。

放射妨害波電界強度 [dBμV/m] = 測定器の指示値 [dBμ] + アンテナ係数 [dB/m] + 経路損失（同軸ケーブル、アッテネータ）[dB] － プリアンプ利得 [dB]

※注記

許容値に対してマージンの少ない妨害波に関して、EUT システムの接続ケーブルの配置を動かし、更に EUT の動作モードを変えて妨害波の最大値の探索を繰り返して下さい。

▶第3章　EMC評価とテストの基礎

３−６　測定時の EUT 動作条件及び試験信号仕様

３−６−１　CISPR 32

EUT を通常動作させるために、適切な試験信号を印加して測定して下さい。

・オーディオ信号

製造者が適切な信号を指定しない限り、オーディオ信号をサポートする EUT については、EUT を動作させる信号は 1 kHz の正弦波信号を適用して下さい。

・ビデオ信号

画像を表示する EUT またはビデオ信号を出力するポートを持つ EUT は、表 3-3 に従って動作するように設定し、表 3-4 に示されたパラメータを適用して下さい。

EUT 動作上の最高の複雑度レベルに対応して、ビデオポートは信号を出力し、イメージを表示することが推奨されています。表 3-3（複雑度レベル 2）に示されたテキスト画像を用いた妨害波レベルが、複雑度レベルは 3 または 4 を使用して得られる妨害波レベルと比較して低い値になっていない場合には、この文字画像を使用してディスプレイポートやビデオポートを評価することを選ぶことができます。

－ 128 －

〔表 3-3〕 ディスプレイ及びビデオポートの動作

複雑度レベル	表示イメージ	説明	製品例
4（最大）	ムービングピクチャー付きカラーバー	追加の小さなムービングエレメントを有する ITU-R BT471 に基づく標準のテレビカラーバー信号	デジタルテレビ受信機、STB、PC、DVD 機器、ビデオゲーム、モニタ
3	カラーバー	ITU-R BT471-1 に基づく標準のテレビカラーバー信号	アナログテレビ受信機、カメラのディスプレイ、フォトプリンタのディスプレイ
2	文字画像	可能であればすべての H 文字列で構成されるパターンを表示。文字サイズや行の文字数は、画面あたりの最大文字数通常表示されるように設定。テキストのスクロールがディスプレイでサポートされている場合は、テキストをスクロール。	POS 端末、グラフィック表示機能の無いコンピュータ端末
1（最小）	典型的表示	EUT によって生成することができる最も複雑な表示	独自の表示装置および／または上記の画像のいずれも表示することができない機器、電子鍵盤楽器、電話機

（引用：諮問第 3 号「国際無線障害特別委員会（CISPR）の諸規格について」のうち「マルチメディア機器の電磁両立性－エミッション要求事項－」答申）

〔表 3-4〕 表示とビデオパラメータ

機能	設定
ハードウェアによる高速化	最高速
画面設定	最高実効分解能（画素とフレームレートを含む）
カラー品質	最高色分解能
明るさ、コントラスト、彩度	出荷時のデフォルト設定または一般的な設定のいずれかを使用
その他	最高性能での設定を使用して、典型的な画像が得られるように調整

（引用：諮問第 3 号「国際無線障害特別委員会（CISPR）の諸規格について」のうち「マルチメディア機器の電磁両立性－エミッション要求事項－」答申）

第4章

日常生活での
EMC に関する事例

日常生活においても様々な事例で電磁的障害の問題が発生することがあります。以下に、いくつかの一般的な事例を紹介してみましょう。

無線通信機器の障害：
　スマートフォンやワイヤレスイヤホンなどの無線通信機器が周囲の電子機器に障害を引き起こすことがあります。例えば、スマートフォンの無線ユニットから発する電磁界が近くの電子機器（例えばオーディオ機器、医療機器）に影響を与え、基本動作の乱れや音声の乱れが生じることが考えられます。

〔図 4-1〕日常生活における電磁的障害の例

▶ 第4章　日常生活でのEMCに関する事例

家電製品と電子機器の共存：

　住宅内で異なる家電製品や電子機器が同時に使用されると、それらの機器同士で干渉が発生することがあります。例えば、電子レンジの動作がWi-Fiルータに影響を与え、通信速度が低下することがあります。電子レンジとWi-Fiルータの動作周波数が2.4 GHz帯を利用していることが原因です。

自動車内の電子機器：

　自動車搭載の電子機器が相互に影響を与えることがあります。例えば、エンジンの起動時に発するノイズ、ワイパー動作中に発生するノイズ、ECUから発生するノイズにより、車載受信機（カーラジオ）に雑音を発生させたり、車載GPSが他の電子機器によって妨害を受けたりすることも考えられます。

医療機器と電子機器：

　心電計のように微弱な信号を検出するような医療機器の場合、同じ空間で使用される他の電子機器から発する電磁ノイズの影響で誤作動することが危惧されます。また、携帯電話から発する無線通信による影響を防ぐためには、特別な対策が必要になります（距離を確保する、使用制限をする、電磁波遮蔽された部屋で心電計を使用する、など）。

オフィス環境の電子機器：

　オフィス環境では、コンピューター、プリンタ、ネットワーク機器などが同じ空間で使用されるため、これらの機器同士でEMCの問題が発生することがあります。例えば、コンピューターから発するノイズが電

源線や LAN ケーブルに重畳し伝導することで隣接する電話機に影響を
与えることが考えられます。

　これらの例から分かるように、日常生活での EMC の問題はさまざま
な場面で発生します。家庭内にはインバータ制御の家電機器（エアコン
など）が増え、オフィス環境ではデジタル機器や通信制御機器が増え、
携帯端末機器が増加し、相互に接続される現代の生活では、EMC への
注意がますます重要となっています。

▶第4章　日常生活でのEMCに関する事例

4－1　家電機器の EMC 問題と解決策

　家電機器の電磁障害（Electromagnetic Interference：EMI）は、異なる機器同士が相互に電磁的な影響を及ぼす現象です。これは機器が電力や通信線などを共有する環境で発生しやすく、正常な機能や通信の妨げとなる可能性があります。

　キッチン内を見渡してみましょう。冷蔵庫、洗濯機、食洗器、電子レンジ、IH クッキングレンジ、炊飯器、電気トースター、等々。これらの製品の殆どがデジタル制御されています。更に、熱源として、電子レンジはマイクロ波のエネルギーを利用、IH クッキングレンジや IH 炊飯器は誘導電磁界を利用しています。つまり、電磁波を積極的に利用しているのです。

　リビングルームはどうでしょうか。エアコン、空気清浄機、デジタルTV、オーディオシステム、LED 照明器具、床暖房、等々。これらの機器もデジタル制御され、また、エネルギー制御、明るさ制御、送風制御のためにインバータ回路が組み込まれており、その動作の過程でノイズが発生します。

　以下に、家電機器の電磁障害の例とその対策をいくつか挙げてみましょう。

4－1－1　家電機器の電磁障害の例

1）コンピューターとオーディオ機器：

　コンピューターとオーディオ機器の間での電磁障害は、特にデジタル

－ 136 －

信号処理が行われる環境で頻繁に発生します。以下に、これらの機器間での電磁障害の例とその対策をいくつか挙げてみます。

・コンピューターの電源ノイズ：

　コンピューターの電源ユニットや内部コンポーネントから発生するノイズが、オーディオ機器に干渉し、ノイズやジッターを引き起こすことがあります。

・データ転送による干渉：

　コンピューターと周辺機器のデータ転送がオーディオ機器のケーブルや回路に影響を与え、音質の劣化やノイズが発生することがあります。

・電磁波放射：

　コンピューターおよび周辺機器の内部構成部品から発生する電磁波が筐体および接続ケーブルから周囲の空間に放射、近接するオーディオ機器の回路に影響を与え、正常な信号処理を妨げることがあります。

2) 無線通信機器：

　無線通信機器は、無線通信を実現するために意図的に電波を放射するため、周囲に比較的に強い電磁界を発生させ、そのために他の電子機器に影響を与えることがあります。これは電磁干渉（Electromagnetic Interference：EMI）と呼ばれ、周囲の機器の性能や動作に悪影響を及ぼす可能性があります。以下に、無線機器が引き起こす電磁障害の例と対策を挙げてみます。

− 137 −

▶ 第4章　日常生活でのEMCに関する事例

・Wi-Fi ルータと近隣の電子機器：

　Wi-Fi ルータから発する電磁波（2.4 GHz 帯、5 GHz 帯）が近隣の電子
機器に影響を与え、誤作動を引き起こすことがあります。または逆に、
近隣の家電機器、例えば電子レンジが動作中に発する電磁波（2.4 GHz
帯）により Wi-Fi ルータが影響を受け、通信速度の低下や通信の不安定
さが生じることがあります。

3) LED 照明と通信機器：

　LED 照明が発する電磁波放射は、LED の電源供給（AC/DC コンバータ）
や調光回路（DC/DC コンバータ、PWM 制御など）などの動作によって
生じます。これらの電磁波放射は周波数ドメインで広帯域に発生します
ので、ラジオ放送受信、無線リモコン、無線通信に対して影響を与える
可能性があります。

4－1－2　家電機器の電磁障害対策

シールディングの利用：

　家電機器のシールディングは、電磁波の拡散を抑制し、他の機器への
影響を最小限に抑えるための重要な手法です。以下に、家電機器のシー
ルディングに関する基本的なポイントをいくつか紹介します。

・筐体の設計：

　家電機器の外部には、金属や導電性の材料で作られたケースや筐体を
使用することが一般的です。これらの材料は、電磁波の拡散を抑制し、
内部の電子回路を外部からの干渉から保護します。

－ 138 －

・シールドされたケーブルや配線：

　家電機器内部で使用されるケーブルや配線は、シールドされたものを選択することが重要です。シールドされたケーブルは、外部からの電磁波の影響を軽減し、信号品質を向上させます。また、オーディオ機器やケーブルを適切にシールドすることで、外部からの電磁波の影響を最小限に抑えることができます。

▶第4章　日常生活でのEMCに関する事例

4-2　オフィス環境での電子機器の相互干渉

　オフィス環境では、多くの電子機器が同じ事務所内で使用されるため、電子機器の相互干渉が発生する可能性があります。これは、電子機器から発する電磁波が空間に放射および電源線や通信線を伝導して他の電子機器に影響を及ぼすものであり、以下のような要因によって引き起こされます。

・近接配置：
　オフィス環境では、デスクやワークスペースが近接して配置されることが一般的です。したがって、周囲に置かれた電子機器から発する電磁波により相互に影響し合う可能性が高まります。

・電源ラインの混在：
　同一の商用電源から給電される電子機器同士で、電子機器から発する電源ノイズ、トランジェント、サージが共存されます。これにより、電源ラインを介した相互干渉が発生します。

・無線周波数帯域の競合：
　無線機器や無線LAN機器など、同じ周波数帯域を使用する機器同士で相互干渉が起こる可能性があります。これにより、通信の品質や速度に影響を及ぼすことが考えられます。

　これらの相互干渉は、電子機器や無線通信機器の性能や信頼性に影響

－ 140 －

を与える可能性があります。そのため、オフィス環境では次のような対策が取られることがあります。

・EMI フィルタリング：
　電源ラインや通信ラインに EMI フィルタを追加して電磁波の影響を軽減します。具体的には、事務所環境で使用される電子機器に供給する電源ラインを分離、つまり、各人が使用するパーソナルコンピュータはデスクの島毎に EMI フィルタ付電源コンセントを使用し分離します。可能であれば電源供給の瞬断や瞬低から電子機器を保護するために無停電電源の使用を推奨します。次に、複合機（プリンタ、スキャナ、ファクシミリ）が事務所内で共有化され消費電力が大きいため専用電源を設けて電源供給されるような電源構成が必要となります。複合機には電源線に加えて LAN ケーブルや電話回線が接続されているため、各々の配線に漏洩するノイズ対策や配線から侵入するノイズ対策に注意を要します。

・適切な配線と配置：
　電源ケーブルや通信ケーブルを適切に配置し、相互干渉を最小限に抑えます。配線の敷設工事で、同じ配管に電源ケーブルと通信ケーブルを通してしまうと、各々の配線に重畳している発生原因の異なるノイズが相互結合してしまうことで電子機器の動作に障害を及ぼす可能性があり、その原因調整と対策に苦慮することも想定されます。周囲の機器との距離を適切に保つこと、適切な配線を心掛けることが重要です。

— 141 —

▶第4章　日常生活でのEMCに関する事例

・グランディング：

　各電子機器の使用上、機器のアース端子を接地することが推奨されている場合、その接地線を電源コンセントの接地端子に繋ぐことを心掛けて下さい。それにより、機器から発生するノイズをアースに逃がしてやることができ、配線経路のノイズ品質をよりよく保つことかできます。但し、オフィス環境の電源系統に接地線が引き込まれていることが前提条件です。これにより、グランディング問題による相互干渉を軽減します。

　これらの対策を講じることで、オフィス環境での電子機器の相互干渉を最小限に抑え、快適な運用を確保することができます。

４－３　安全な電子機器の選択と使用方法

　安全な電子機器の選択と使用方法に関して、EMC の観点から、以下のポイントを考慮することが重要です。

４－３－１　電子機器の選択

1）規制への適合性の確認：

　安全な電子機器を選ぶ際に、規制への適合性を確認することは非常に重要です。規制への適合性の確認には以下の手順が含まれます。

・規制に関する知識の獲得：

　まず、選んだ電子機器が販売または使用される国や地域の規制について理解しましょう。これには、電磁環境に関する規制や安全性に関する規制、製品の種類によって異なります。

・規制への適合性の要件の理解：

　規制には様々な要件が含まれます。例えば、電磁放射の制限、電気製品の安全性に関する要件などがあります。これらの要件を理解し、選んだ製品がこれらの要件を満たしているかどうかを確認します。

・製品のマーキングや認証の確認：

　製品には、規制への適合性を示すためのマーキングや認証が付されている場合があります。例えば、CE マーキング（EU の規制に適合）や

▶第4章　日常生活でのEMCに関する事例

FCCマーク（米国の規制に適合）などがあります。これらのマーキングや認証が製品に付されているかどうかを確認しましょう。

〔図4-2〕製品のマーキングや認証の例

・技術仕様や製品データシートの確認：
　製品の技術仕様や製品データシートを確認し、製品が規制に適合していることを示す情報を探します。これには、製品がどのようなテストや評価を受けたか、どのような規制に準拠しているかなどが含まれます。

・製品の信頼性：
　製品の信頼性を確認しましょう。信頼性の高いメーカーから製品を選ぶことで、規制への適合性がより確保されます。

　これらの手順を実践することで、選んだ電子機器が規制に適合しているかどうかを確認することができます。規制への適合性が確保された製品を選ぶことで、安全性や信頼性の高い製品を使用することができます。

2）EMC 性能の評価：

　安全な電子機器を選ぶ際には、EMC（Electromagnetic Compatibility：電磁両立性）性能の評価も重要です。EMC 性能の評価には、以下のような手法や基準があります。

・EMI（Electromagnetic Interference）テスト：

　EMI テストは、電子機器が他の機器に不要な電磁波を放射しないことを確認するための評価です。これは、製品が周囲の環境に対して電磁干渉を引き起こさないようにするために重要です。EMI テストは、専門の試験施設で実施され、製品の放射および導出される電磁波のレベルが規制に準拠しているかどうかを確認します。適合が確認された製品には CE マークや FCC マークなどの認証マーク、VCCI マーク等の適合性マークが表示されます。

・EMS（Electromagnetic Susceptibility）テスト：

　EMS テストは、電子機器が外部からの電磁波に対して耐性を持つことを確認するための評価です。これにより、製品が周囲の電磁干渉に対して安定して動作することが保証されます。EMS テストは、製品が正常に動作し続けることができる最大の電磁環境を特定するために実施されます。適合が確認された製品には CE マーク等の適合性マークが表示されます。

・EMC デザインガイドラインの遵守：

　製品の設計段階から、EMC 性能を考慮して設計されていることが重要です。EMC デザインガイドラインに従うことで、製品が EMI や EMS に

▶ 第4章　日常生活でのEMCに関する事例

対してより耐性を持つようになります。これには、配線の設計、グランディングの実装、シールドの使用などが含まれます。製品を購入される際に同梱された取扱い説明書にメーカーの遵守事項が記載されています。

・第三者認証：

　製品がサードパーティの認証を受けているかどうかを確認します。これにより、製品の EMC 性能が独立した機関によって評価され、信頼性が高まります。日本国内で販売される家電機器の場合は、電気用品安全法に適合していることをサードパーティが認証し、その認証マーク（例えば JQA、JET など）を製品に表示しています。

　EMC 性能の評価は、安全かつ信頼性の高い電子機器を選ぶ上で欠かせない要素です。製品が規制に準拠しており、周囲の電磁環境に対して適切な耐性を持つことを確認することで、電子機器の安全性と品質が保証されます。

3) 製品の信頼性：

　安全な電子機器を選ぶ際には、製品の信頼性も重要な要素です。製品の信頼性を評価するためには、以下のような点に注意する必要があります。

・メーカーの評判：

　製品を製造しているメーカーの評判を調査し、信頼性や品質管理のレベルを確認します。長年にわたって市場で信頼されているメーカーや、ISO 9001 などの品質管理規格に適合しているメーカーは、一般に信頼性

－ 146 －

が高いと考えられます。

・品質管理のプロセス：

　メーカーが品質管理をどのように行っているかを確認します。品質管理のプロセスが厳格であり、製品の製造過程での欠陥や不良品を最小限に抑えるための手順が確立されているかどうかを調査します。

・製品のテストと認証：

　製品が適切にテストされ、規制や規格に準拠していることを確認します。EMC 性能、耐久性、信頼性などのテストが実施されているかどうかを確認し、製品が信頼性の高い製品であることを保証します。認証マークは製品に表示されます。

・保証とサポート：

　製品には適切な保証が付属しているかどうかを確認します。また、メーカーが提供する顧客サポートやアフターサービスの品質を調査し、製品に問題が発生した場合に適切なサポートを受けることができるかどうかを確認します。

・ユーザーレビューやフィードバック：

　製品のユーザーレビューやフィードバックを調査し、実際の使用者の体験や評価を参考にします。信頼性の高い製品は、一般にユーザーからの評価も高い傾向があります。

　これらの要素を考慮することで、信頼性の高い電子機器を選ぶことが

▶ 第4章　日常生活でのEMCに関する事例

できます。信頼性の高い製品は、長期間安定して動作し、問題なく使用することができます。

4）外部環境への適合性：

　安全な電子機器を選ぶ際に、外部環境への適合性も重要な考慮事項です。外部環境への適合性を確保するためには、以下の点に留意する必要があります。

・防水性や防塵性：

　屋外や湿気の多い場所で使用される電子機器は、防水性や防塵性が重要です。製品の防水性能やIP（Ingress Protection）コードなどの規格に基づく防塵性能を確認し、製品が外部環境に適合しているかどうかを確認します。

・耐環境性：

　電子機器が使用される環境に応じて、適切な耐環境性を持つ製品を選びます。高温や低温、湿度の変化などに対する耐性が必要です。特に屋外での使用や厳しい気象条件下での使用には、製品が耐環境性を持っていることが重要です。

・耐衝撃性：

　製品が物理的な衝撃に耐える能力も重要です。特に移動中や荒れた環境での使用では、製品が衝撃や振動に対して適切に保護されていることが必要です。耐衝撃性のテスト結果や規格に基づいた耐久性を確認します。

・電磁環境への対応：

　外部環境にはさまざまな電磁波が存在します。周囲の電磁環境による影響を最小限に抑えるために、製品がEMC（Electromagnetic Compatibility：電磁両立性）規格に適合しているかどうかを確認します。特に高周波電源や通信機器を使用する場合は、製品が周囲の電磁干渉に対して耐性を持つことが重要です。

・インストールと設置：

　製品のインストールや設置方法も外部環境への適合性に影響を与えます。製品が適切な場所に設置され、周囲の環境との適切な距離が確保されるようにします。また、必要に応じて適切な保護策や遮蔽物を使用して、製品を外部環境から適切に保護します。

　これらのポイントを考慮して、外部環境に適合した安全な電子機器を選択し、適切に使用することが重要です。外部環境に対する適合性を確保することで、製品の寿命を延ばし、安全性や信頼性を高めることができます。

４－３－２　電子機器の使用方法

1）適切な配線：

　電子機器の適切な配線は、EMCを確保するために重要です。以下に、適切な配線のポイントを示します。

▶第4章　日常生活でのEMCに関する事例

・信号線と電源線の分離：

　信号線と電源線は分離して配線します。これにより、電源線からのノイズが信号線に影響を与えるのを防ぎます。

・シールドケーブルの使用：

　高周波信号を伝送する場合や、電磁ノイズの影響を受けやすい環境では、シールドケーブルを使用します。シールドケーブルは、外部からの電磁ノイズを遮断する効果があります。

・適切な配線ルーティング：

　配線ルートを選択する際には、電子機器同士や電源ケーブルと信号ケーブルとの間に適切な距離を確保します。また、他の機器や配線との交差や接触を最小限に抑えます。

・グランディングの確保：

　電子機器は適切にグランディングされている必要があります。グランディングを確保することで、静電放電やノイズの除去が効果的に行われます。

・EMIフィルタの使用：

　電源線にEMI（Electromagnetic Interference：電磁干渉）フィルタを使用することで、外部からのノイズが機器に影響を与えるのを防ぎます。

・適切な絶縁：

　高電圧の部品や配線を接続する際には、適切な絶縁を確保します。こ

− 150 −

れにより、電気的なショートや誤動作を防ぎます。

　これらのポイントを考慮して、電子機器の適切な配線を行うことで、EMC を確保し、安全で信頼性の高い動作を実現します。

2）定期的な点検と保守：

　電子機器は定期的な点検と保守が必要です。配線や接続部の締め付けを定期的に点検し、故障や不具合を早期に修正します。

・定期点検スケジュールの設定：

　適切な点検スケジュールを設定し、定期的に電子機器を点検します。点検の頻度や内容は、機器の種類や使用環境に応じて適切に設定します。

・外部点検と内部点検：

　外部点検では、外観や配線、接続部などを点検し、物理的な損傷や異常がないかを確認します。内部点検では、内部の部品や配線、冷却システムなどを点検し、異常がないかを確認します。

・配線の点検と締め付け：

　配線や接続部の緩みや断線を点検し、必要に応じて締め付けや修理を行います。配線の問題は、電気的な問題や火災の原因となる可能性があるため、重点的に点検します。

・冷却システムの点検：

　電子機器が冷却システムを使用している場合、冷却ファンやヒートシ

▶第4章　日常生活でのEMCに関する事例

ンクなどの冷却部品を点検し、清掃や交換を行います。適切な冷却が確
保されていないと、機器の過熱や故障の原因となります。

・動作テスト：
　電子機器の動作をテストし、正常に動作しているかどうかを確認しま
す。必要に応じて、動作テストのための試験や検査を行います。

・保守記録の管理：
　定期点検や保守作業の内容や結果を記録し、管理します。保守記録は、
過去の点検内容や修理履歴を把握するために重要です。

　これらのポイントを遵守して、電子機器の定期的な点検と保守を実施
することで、機器の安全性や信頼性を確保し、長期間にわたって正常に
動作することができます。

3) 使用環境の管理：
　電子機器の使用環境を適切に管理することは、機器の安全性や信頼性
を確保する上で非常に重要です。以下に、使用環境の管理に関するポイ
ントをいくつか示します。

・温度と湿度の管理：
　電子機器は、適切な温度と湿度の範囲内で使用する必要があります。
高温や低温、湿度の高い環境では、機器の性能や耐久性に影響を与える
可能性があります。使用環境の温度と湿度を適切に管理し、製品の仕様
に適合するようにします。

・振動と衝撃の管理：

　振動や衝撃は、電子機器の故障や損傷の原因となります。特に移動中や荒れた環境での使用では、振動や衝撃に対する適切な対策が必要です。機器を安定した場所に設置し、適切な固定やクッション材を使用して振動や衝撃を吸収します。

・電磁環境の管理：

　周囲の電磁環境も機器の動作に影響を与える可能性があります。電波や他の電子機器からの干渉を最小限に抑えるために、機器を適切な場所に配置し、EMC 対策を実施します。

・清潔さの維持：

　電子機器は清潔な環境で使用することが重要です。埃や汚れが積もると、冷却効果が低下したり、配線や部品に悪影響を与える可能性があります。定期的な清掃を行い、清潔な状態を維持します。

・安全性の確保：

　使用環境には、電子機器の安全性を確保するための安全対策が必要です。例えば、電源ケーブルや配線の適切な配管、過電流や過電圧からの保護装置の設置などが含まれます。また、危険物や水などの危険要素から機器を保護する必要があります。

　これらのポイントを考慮して、電子機器の使用環境を適切に管理し、機器の安全性や信頼性を確保します。管理された使用環境は、機器の寿命を延ばし、問題なく動作することを保証します。

▶ 第4章　日常生活でのEMCに関する事例

4）適切な設定と使用：

　電子機器を適切に設定して使用することは、機器の性能を最大限に引き出し、安全性を確保する上で非常に重要です。以下に、適切な設定と使用方法に関するいくつかのポイントを示します。

・取扱説明書の確認：

　電子機器を使用する前に、取扱説明書を十分に確認しましょう。取扱説明書には、正しい設定方法や安全な使用方法が記載されています。必ず取扱説明書に従って操作してください。

・適切な電源供給：

　電子機器には、指定された電源仕様に従って電源を供給する必要があります。電圧や周波数が適切であることを確認し、過電流や過電圧から機器を保護するための適切な保護装置を使用します。

・適切な設置場所：

　電子機器を設置する場所を適切に選びます。十分な換気が確保されているか、熱源や湿気から遠ざけられているかを確認しましょう。また、他の機器や配線との間に適切な間隔を確保します。

・適切な操作方法：

　電子機器の操作方法を正確に理解し、適切に操作します。特に高度な機能や設定がある場合は、機能を正しく理解し、適切な設定を行います。誤った操作は機器の故障や安全上の問題を引き起こす可能性があります。

− 154 −

・定期的なメンテナンス：

　電子機器は定期的なメンテナンスが必要です。定期的な清掃や点検を行い、異常や故障がないかを確認します。また、必要に応じて部品の交換や修理を行います。

・適切な終了処理：

　電子機器を使用する際には、適切な終了処理を行います。電源を切る前に、すべてのプログラムやアプリケーションを終了させ、機器を安全にシャットダウンします。

　これらのポイントを考慮して、電子機器を適切に設定して使用することで、性能や安全性を最大限に引き出し、長期間にわたって安定した動作を実現します。そして、EMC に配慮した安全な電子機器の選択と使用を行うことが重要です。

▶ 第4章　日常生活でのEMCに関する事例

4－4　実際に生じた EMC 問題の事例

　電磁波障害は、電子・電気機器から放射される電磁波ノイズが、他の機器に妨害をおよぼす現象です。近年、あらゆる場所で電子・電気機器が使用され、それらの機器の相互干渉が原因で障害が生じることがあります。以下に、代表的な電磁波障害の事例を挙げます。

家庭用電子機器の不具合：
　住宅地域内でも、しばしば電磁波障害が原因で電子・電子機器や家電機器が誤動作を起こすことがあります。たとえば、Wi-Fi ルータを電子レンジの近くに設置した場合、同じ周波数帯を使用しているため、Wi-Fi ルータ側が被害者となり通信速度が低下したり、接続が切れたりすることがあります。また、LED 照明器具から発生する電磁波がテレビやラジオに受信障害をおよぼすことがあります。

産業機械への影響：
　工場内の製造現場で、高周波加熱や溶接の工程がある場合、それらからは強力な電磁ノイズが発生することがあり、生産ラインの制御装置に影響をおよぼすと生産ラインが停止するトラブルが発生する場合があります。

医療機器への影響：
　病院内では、携帯電話、RF-ID、店舗の入口に設置されている盗難警報装置等の無線機器が医療機器に影響して誤作動を引き起こす恐れがあ

－ 156 －

ります。特に、心臓ペースメーカーなどの機器は電磁波の影響を受けやすいとされています。

無線通信の妨害：

　5G や Wi-Fi などの無線通信技術が普及する中で、アクセスポイントの設置場所によっては意図しない干渉によって通信が不安定になる事例があります。

　それでは、公表された電磁波障害の事例を紹介します。

・新聞等で報道された事例：

場所	原因	障害内容
一般家庭	各種デジタル機器 家電製品	放送受信妨害
工場	各種デジタル機器	産業ロボットの暴走。人命が失われた。
自動車	レーダーサイト	エンジンが急遽停止。
航空機内	各種デジタル機器 携帯電話	オートパイロット機能がダウン。 管制局との通信不可。
商業施設	ISM 機器	2.4GHz 帯 WLAN が全て通信不能 / 航空無線への妨害。
商業施設	各種デジタル機器	コインパーキングのゲート開閉が困難となる。
商業施設	違法無線局	自動扉が勝手に動作する。
一般家庭	インバータ機器	AM ラジオが受信出来ない。無線通信が出来ない。
工場内 / 街路灯	LED 照明	産業ロボット制御システムが作動しない / 放送受信妨害。
駅構内	LED 照明	鉄道無線がつながらない。信号が動作しない。

第5章

EMF（電磁場）の
健康への影響と対策

EMF（Electromagnetic Fields：電磁場）は、携帯電話、電子機器、電力線などの電気機器から放射される電磁波のことです。これらの電磁波は、長期間の曝露や高レベルの曝露により、人間の健康に様々な影響を及ぼす可能性があります。一部の研究では、EMFの長期的な曝露ががん、神経系の障害、睡眠障害、免疫機能の低下などの健康問題と関連している可能性が示唆されています。ただし、科学的な見解は依然として分かれており、この問題についてはさらなる研究が必要です。

〔図 5-1〕暮らしの電波の例

▶第 5 章　EMF（電磁場）の健康への影響と対策

5－1　電磁場の健康への懸念

　電磁場の健康への懸念は、無線端末機器の普及増加に伴い、近年ます
ます注目されているトピックの一つです。一部の人々や科学者は、長期
的な電磁波への曝露が健康に悪影響を与える可能性があると懸念してい
ます。主な懸念は以下のようになります。

・がん：
　長期的な電磁場（高周波）への曝露ががんの発生リスクを増加させる
可能性があるという報告があります。特に携帯電話やその他のワイヤレ
ス通信機器の使用に関連しています。

・神経系への影響：
　電磁場（低周波）が神経系に影響を与える可能性があります。頭痛、
めまい、集中力の低下などの症状が報告されています。

・生殖能力への影響：
　電磁場が生殖機能に影響を与える可能性があります。男性の精子の質
や数量に変化が生じることが示唆されています。

・睡眠障害：
　電磁場が睡眠の質を低下させる可能性があります。特に寝室に携帯電
話や電子機器を持ち込むことが原因とされます。

－ 162 －

・免疫機能への影響：

　電磁場が免疫機能に影響を与え、体の抵抗力を低下させる可能性があります。

　これらの懸念は、特に、携帯情報端末機や無線機器が日常生活で広く使用されるようになった現代社会において重要です。携帯電話、無線LAN、マイクロ波オーブンなど、様々な機器が電磁波を放射しており、人々は日常的にこれらの機器と接しています。

　ただし、これらの懸念については科学的な見解が分かれています。一部の研究は、電磁波が健康に悪影響を与える可能性があると示唆していますが、他の研究ではその影響が見られない場合もあります。このような研究の結果には不確実性があり、議論が続いています。

　重要なのは、電磁波の健康への影響についての研究が進行中であり、現時点では十分な科学的な根拠が得られていないということです。電磁波が人体に有害であるというような情報に惑わされること無く、政府機関、研究機関や医療機関から発信される情報を正しく理解し、懸念されるリスクを最小限に抑えることです。そのためにも適切な対策やガイドラインが必要とされています。

▶第 5 章　EMF（電磁場）の健康への影響と対策

●世界的な取り組み

世界中で推進されている電波と健康に関する研究

　世界的な規模では WHO（世界保健機関）が、電波が人体に及ぼす影響に対する公衆の関心に応えるため、1996 年に「国際電磁界プロジェクト」を発足させました。このプロジェクトには現在、国際がん研究機関、国際非電離放射線防護委員会などの国際機関、およびわが国をはじめとする 60 カ国が参加。科学的文献の再検証や重点研究の推奨、電磁界リスクに対する情報提供や評価などを行っています。これまでに WHO では、「国際的なガイドラインを下回る強さの電波により、健康に悪影響が発生する証拠はない」「携帯電話端末および携帯電話基地局から放射される電波のばく露により、がんが誘発されたり、促進されたりすることは考えにくい。その他の影響（脳の活動、反応時間、

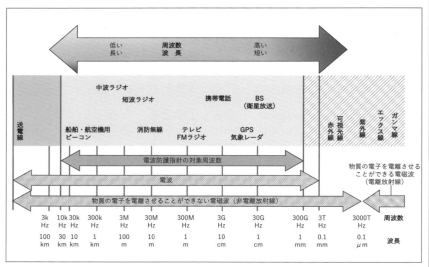

〔図 5-2〕周波数による電磁波の分類（「電波と安心な暮らし」（総務省）
(https://www.tele.soumu.go.jp/j/sys/ele/pr/toiawase/index.htm) を参考に作成）

睡眠パターンの変更など）についても、健康への明らかな重大な影響はない」などを主な見解として示しています。

「電波と安心な暮らし」（総務省）

（https://www.tele.soumu.go.jp/j/sys/ele/pr/toiawase/index.htm）から抜粋

▶ 第5章　EMF（電磁場）の健康への影響と対策

5－2　モバイルデバイスや　　ワイヤレス技術の EMF 対策

5－2－1　モバイルデバイスの EMF

　モバイルデバイス（スマートフォン、タブレット、ノートパソコンなど）は、ワイヤレス通信でデータ転送するために無線通信モジュールを組み込み利用します。これらのデバイスは、携帯電話ネットワークやWi-Fi などの通信技術を使用しており、その際に電磁波を放射します。

　この電磁波は、一般に非電離放射線（Non-Ionizing Radiation）と呼ばれ、通信やデータ転送に使用される低周波数やマイクロ波などの周波数帯域に含まれます。これらの電磁波は、一般的には人体に対して短期的な影響は少ないとされていますが、長期的な曝露に関しては調査研究が進められています。

　モバイルデバイスからの電磁波の影響については、以下のような点が考えられます。

・曝露量と距離：

　モバイルデバイスからの電磁波は、デバイスの運用周波数や通信方式、使用状況などによって異なります。通常、デバイスからの電磁波は、デバイスからの距離が遠ざかるに従って減衰します。

－ 166 －

・身体への近接：

　モバイルデバイスを身体に密着して使用する場合、電磁波の影響を受ける可能性が高まります。特に通話中に携帯電話を耳に当てる場合は、その影響が大きくなる可能性があります。

・長期的な影響：

　モバイルデバイスからの電磁波の長期的な影響については、がんや神経系の障害などの健康問題に関連する可能性があるとする研究や報告がありますが、科学的な見解は分かれています。

・規制とガイドライン：

　多くの国や地域で、モバイルデバイスからの電磁波に関する規制やガイドラインが定められています（「1-1-2　EMC の評価基準」参照）。これらは、デバイスの電磁波の放射量や使用方法について規制し、安全な使用を促すことを目的としています。

　モバイルデバイスからの電磁波に関する科学的な調査研究は進行中です。一般的な防護対策としては、モバイルデバイスの購入時に添付された取扱い説明に従った適切な使用方法を実践することが重要です。

５－２－２　モバイルデバイスの EMF 対策

　モバイルデバイスから放射される電磁波（EMF）の人体に対する影響を軽減するためのいくつかの対策があります。以下に、モバイルデバイスの EMF 対策の一般的な方法をいくつか示します。

－ 167 －

▶第 5 章　EMF（電磁場）の健康への影響と対策

・適切な使用時間の管理：

　長時間のモバイルデバイスの使用は、電磁波への曝露を増加させる可能性があります。使用は適切な時間内にとどめて下さい。

・距離を取る：

　モバイルデバイスを体から離し、可能な限り距離を取ることが重要です。どうしても気がかりな場合、通話中にはスピーカーフォンを使用するか、イヤホンやヘッドセットを利用して、デバイスを顔から離すことで電磁波の曝露を低減することができます。

・アンテナの位置：

　モバイルデバイスのアンテナが体の近くにある場合、放射される電磁波による曝露が増加します。したがって、デバイスを使用する際にはアンテナが体に向かっていないように注意しましょう。

・電波の強度を制御する：

　モバイルデバイスの電波の強度を制御できる場合は、できるだけ低い設定にすることが推奨されます。

・使用頻度の管理：

　モバイルデバイスの使用頻度を管理し、必要な場合にのみ使用するように心がけましょう。長時間の連続使用は電磁波曝露を増加させる可能性があります。

・保護ケースの使用：

　適切に設計された電磁波遮蔽素材を使用した保護ケースを利用することで、電磁波からの曝露を軽減することができます。

・機内モードの使用：

　モバイルデバイスが必要ない場合には、機内モードに設定することで、電磁波の発生を停止させることができます。

　これらの対策は、電磁波からの曝露を最小限に抑え、モバイルデバイスの安全な使用を確保するための一般的なガイドラインです。ただし、個々の状況や感受性によって異なる場合がありますので、適切な判断を行いましょう。また、科学的な研究や専門家の助言に基づいて、適切な行動を取ることが重要です。

第6章

EMCトラブルシューティングと解決策

EMC（Electromagnetic Compatibility：電磁両立性）トラブルシューティングは、電子機器が外部の電磁環境からの影響を受けて正常に機能しない場合に行われます。トラブルの特定から解決策の実施まで、迅速で綿密な作業が必要です。まず、トラブルの発生状況や条件を特定し、環境や配線の点検を行います。次に、EMC評価やテストを実施し、トラブルの原因を特定します。原因が特定されたら、適切な解決策を実施します。シールドの強化やEMCフィルタの追加などの対策が一般的です。最後に、解決策の実施後には、再度テストを行って問題が解消されたかどうかを確認します。EMCトラブルシューティングは、機器の正常な動作を確保するために欠かせないプロセスです。

▶ 第6章　EMCトラブルシューティングと解決策

6－1　EMC トラブルシューティング

　EMC（Electromagnetic Compatibility、電磁両立性）トラブルシューティングは、電子機器が外部の電磁環境からの影響を受けて正常に機能しない場合に行われます。以下に、EMC トラブルシューティングの一般的な手順を示します。

1)　トラブルの特定：

　EMC トラブルシューティングでは、まずトラブルの特定が重要です。電子機器が外部の電磁環境からの影響を受けて正常に機能しない場合、次の手順でトラブルを特定します。

・症状の特定：

　電子機器が何らかの異常を示しているかを確認します。例えば、動作が不安定である、通信が中断される、ノイズが発生するなどの症状が考えられます。

・トラブルの発生条件の特定：

　トラブルが発生する条件や状況を特定します。特定の環境下や特定の操作時にトラブルが発生するかどうかを調査します。

・トラブルの再現性の確認：

　トラブルが再現可能かどうかを確認します。同様の状況や条件でトラブルが再現されるかどうかを検証します。

－ 174 －

・周辺環境の調査：

電子機器が設置されている環境を調査します。周囲の電子機器や通信機器、電源線などがトラブルの原因となっている可能性があります。

・過去のトラブル履歴の調査：

過去に同様のトラブルが発生したかどうかを調査します。類似のトラブルが過去に発生していた場合、それらの経験を参考にすることが役立ちます。

これらの手順を経て、トラブルの特定に成功することで、その後の解決策の検討や実施に進むことができます。

2)　環境の調査：

EMC トラブルシューティングにおける環境の調査は、電子機器が設置されている周囲の状況や条件を評価する重要なステップです。以下に、環境の調査に関する具体的な手順を示します。

・周囲の電子機器と設備の確認：

電子機器が設置されている場所の周囲にどのような他の電子機器や設備があるかを確認します。これには、コンピューター、通信機器、発電機、電源装置などが含まれます。

・周辺の電磁環境の評価：

周囲の電磁環境を評価し、電子機器に影響を与える可能性のある電磁ノイズの発生源を特定します。電波、電力線、モータ、送電線などが一

▶ 第6章　EMCトラブルシューティングと解決策

般的な電磁ノイズの源となり得ます。

・電源線や配線の調査：
　電子機器に供給される電力や信号の配線を点検し、適切なグランディングやシールドがされているかどうかを確認します。配線が適切に設置されていない場合、電磁ノイズが入り込む可能性があります。

・設置環境の物理的な特性の確認：
　電子機器の設置環境の物理的な特性を確認します。壁や床、天井の素材、金属構造物の有無などが、電磁波の反射や吸収に影響を与える可能性があります。

・温度や湿度のモニタリング：
　電子機器が設置されている環境の温度や湿度をモニタリングし、これらの要因が電子機器の動作に影響を与える可能性を評価します。

・過去のトラブル履歴の調査：
　過去に同様の環境で発生したトラブルの履歴を調査し、その要因や対策を把握します。これにより、今回のトラブルの原因を特定する手がかりを得ることができます。

　環境の調査を通じて、電子機器に影響を与える可能性のある要因を把握し、それに対する適切な対策を検討することが重要です。

－ 176 －

3) 配線と接続の確認：

　EMC トラブルシューティングにおいて、配線と接続の確認は重要なステップです。以下に、配線と接続の確認に関する具体的な手順を示します。

・電源線の配線の確認：

　電子機器に供給される電力線の配線が正しく行われているかを確認します。適切なサイズの電源線が使用され、適切なグランディングが行われていることを確認します。

・信号線の配線の確認：

　電子機器間で信号を送受信するための信号線の配線が適切に行われているかを確認します。信号線が十分にシールドされており、クロストークや外部の電磁ノイズの影響を受けにくい状態にあることを確認します。

・配線のルーティングの確認：

　配線が適切にルーティングされ、他の電子機器や電源線と十分な距離を保っているかを確認します。クロストークや電磁干渉を最小限に抑えるために、配線のルーティングが重要です。

・接続部の点検：

　電源コネクタや信号コネクタなどの接続部が適切に接続されているかを点検します。コネクタが緩んでいないか、接触不良がないかを確認します。

▶第6章　EMCトラブルシューティングと解決策

・グランディングの確認：

　グランディングが適切に行われているかを確認します。電源線や信号線のグランディングが正しく接続され、電磁ノイズの排除や静電放電の防止に効果的であることを確認します。

・シールドの確認：

　必要に応じて、配線や信号線をシールドすることで外部の電磁ノイズの影響を低減することができます。シールドが適切に接続されているかを確認し、効果的なシールド効果を得られる状態にあることを確認します。

　配線と接続の確認を行うことで、電子機器の EMC 性能を向上させ、トラブルの発生を防ぐことができます。

　EMC トラブルシューティングは、問題の特定から解決策の実施まで、綿密な作業が必要です。問題の特性や環境条件を理解し、適切な対策を実施することで、電子機器の EMC 性能を確保し、正常な動作を実現します。

6－2　EMC トラブルシューティング：解決策

　EMC（Electromagnetic Compatibility：電磁両立性）トラブルシューティングにおける解決策は、主に設計改善、フィルタの使用、シールディング、グランディングの改善、回路の最適化、そして周囲環境の管理に焦点を当てます。設計段階での EMC 対策を強化し、適切なフィルタを導入して電源や信号線のノイズを制御します。また、電子機器や配線を適切にシールドし、外部からの電磁波の影響を防ぎます。適切なグランディングを行い、回路を最適化してノイズや干渉を最小限に抑えます。さらに、周囲環境を管理し、他の電子機器や外部の影響を考慮して配置や遮蔽を行います。これらの対策を組み合わせて、EMC トラブルを解決し、製品の性能を向上させます。しかし、問題の原因や状況によって最適な解決策が異なるため、トラブルの詳細な分析と適切な対策の選択が重要です。

1）　原因の特定：

　EMC トラブルの原因を特定するためには、次の手順を追うことが重要です。

・トラブルの現象を観察：

　電子機器の動作に問題が生じているか、周囲の機器や環境に影響が及んでいるかを観察します。特に、トラブルが発生する状況や条件を把握します。

▶第6章　EMCトラブルシューティングと解決策

・測定と分析：

　電磁波やノイズの測定を行い、トラブルの原因を特定します。これに
は、放射ノイズや伝導ノイズの EMI 測定、ESD 試験などが含まれます。

・環境と相互作用の調査：

　電子機器が設置されている環境や周囲の機器との相互作用を調査しま
す。周囲の電磁環境や他の機器の動作状況に影響されている可能性があ
ります。

・設計と配線のレビュー：

　電子機器の設計と配線をレビューし、設計上の問題や配線の不良を特
定します。適切なグランディングやシールディングが行われているかど
うかを確認します。

・トラブルの再現：

　トラブルが再現可能であれば、詳細なテストやシミュレーションを行
い、原因を特定します。トラブルの発生条件や影響範囲を特定すること
が重要です。

・解決策の検討：

　特定された原因に基づいて、適切な解決策を検討します。設計の改善、
フィルタの追加、シールディングの強化など、適切な対策を実施します。

　これらの手順を追うことで、EMC トラブルの原因を特定し、適切な
対策を講じることができます。

－ 180 －

2) 解決策の実施：

特定された原因に対する適切な解決策を実施します。EMC トラブルの解決には、迅速かつ効果的なアプローチが不可欠です。解決の際には、以下の手順を重視します。

まず、問題の特定と原因の分析を行います。具体的なトラブルの発生状況や影響範囲を把握し、EMC トラブルの可能性を特定します。その後、放射ノイズや伝導ノイズ、外部からの干渉などの原因を探求します。

次に、解決策を検討し、最適なアプローチを選択します。設計の改善、フィルタの追加、シールディングの強化など、問題に応じて適切な手法を選定します。解決策の選択には、技術的な理解と経験が必要です。

解決策を実施する際には、迅速かつ正確に作業を進めます。設計の変更や部品の交換、配線の修正など、必要な手順を的確に実行します。解決策の実施には、専門知識と技術力が求められます。

解決策の効果を確認するために、評価と検証を行います。EMC 試験や再現性のテストを通じて、トラブルが解決されたことを確認します。必要に応じて、追加の調査や調整を行います。

最後に、解決策の実施と効果を文書化し、報告します。問題の原因と解決策、実施された手順などを詳細に記録し、今後の参考となるようにします。また、予防措置の検討や監視と改善を行い、同様のトラブルが再発しないようにします。

3) テストと検証：

EMC トラブルの解決策を評価し、効果を検証するためには、以下の手順を追うことが重要です。

▶ 第6章　EMCトラブルシューティングと解決策

・解決策の実施：

　選択された解決策を実施します。設計の変更や部品の交換、配線の修正など、必要な手順を迅速かつ正確に実行します。

・評価の実施：

　解決策が効果的であるかどうかを評価します。EMC試験や再現性のテストを通じて、問題が解決されたことを確認します。解決策が問題の根本原因を解決しているかどうかを確認します。

・検証の実施：

　解決策の効果を検証します。トラブルが再発しないかどうかを確認し、解決策が持続可能かどうかを検証します。必要に応じて、追加のテストや調査を行います。

・文書化と報告：

　解決策の実施と効果を文書化し、報告します。問題の原因と解決策、実施された手順などを詳細に記録し、今後の参考となるようにします。解決策の効果を客観的に評価し、関係者に報告します。

・予防措置の検討：

　今後同様のトラブルが再発しないようにするための予防措置を検討します。設計プロセスや製造プロセスの改善、定期的なメンテナンスや点検などを検討し、問題の再発を防止します。

　以上の手順を追うことで、解決策の評価と検証を行い、EMCトラブ

- 182 -

ルの解決を確実なものにします。常に問題解決のプロセスを文書化し、組織内で共有し、今後のトラブルの対応に生かします。

4) トラブルの再発防止：

EMC トラブルの再発を防止するためには、以下のような対策を検討します。

・根本原因の解決：

トラブルの原因を徹底的に分析し、根本的な解決策を見つけます。問題の再発を防ぐためには、根本原因を解決することが重要です。

・設計プロセスの改善：

EMC 対策を設計段階から強化し、トラブルが再発しないようにします。適切なグランディングやシールディング、適切な配線ルーティングなどの設計改善を行います。

・製造プロセスの改善：

製造プロセスにおける品質管理や検査を強化し、製品の品質を向上させます。組み立て時の配線や接続の不良を防ぐための対策を検討します。

・定期的なメンテナンスと点検：

電子機器の定期的なメンテナンスや点検を行い、問題が発生する前に予防措置を講じます。特に、配線や接続部の状態を定期的にチェックし、問題を事前に発見します。

▶第6章 EMCトラブルシューティングと解決策

・教育とトレーニング：

　関係者に対して、EMCに関する教育とトレーニングを行います。EMCトラブルの原因や対策についての理解を深め、問題の再発を防止します。

・監視と改善：

　定期的な監視と改善活動を通じて、製品やプロセスのパフォーマンスを継続的に改善します。トラブルの傾向やパターンを分析し、今後の対策に生かします。

　これらの対策を総合的に実施することで、EMCトラブルの再発を最小限に抑え、製品の信頼性と品質を確保します。

6－3　専門家への相談と適切な対応策

　EMCトラブルが発生した場合、専門家への相談と適切な対応策の適用が重要です。専門家は、高度な知識と経験を持ち、迅速かつ効果的な解決策を提供することが期待できます。まず、専門家に問題を明確に説明し、関連する情報やデータを提供します。その後、専門家は問題の原因を詳細に分析し、適切な解決策を提案します。これには、設計の改善、フィルタの追加、シールディングの強化などが含まれます。さらに、専門家はEMC試験施設を利用して、詳細な測定や試験を実施し、問題の特定と解決策の検証を行います。また、業界のネットワークや規制当局、標準化団体などとの連携を通じて、最新の情報や最良な手法を取得し、問題解決に役立つ情報を収集します。専門家への相談と適切な対応策の採用により、EMCトラブルに迅速かつ効果的に対処し、製品の信頼性と品質を確保することができます。

・EMC専門家とは：

　電磁気学や電気工学の専門知識を持ち、電子機器が他の機器や環境と適切に相互作用することを確保するための専門家です。彼らは、EMCに関連する問題の特定、分析、解決策の提案、およびノイズ対策技術の実装を行います。EMC専門家の多くはEMC資格認定プログラムによる資格を有しています。

・EMC資格認定プログラム：

　iNARTE（International Association for Radio, Telecommunications, and

▶第6章 EMCトラブルシューティングと解決策

Electromagnetics）は、電磁両立性（EMC）、無線通信、電気工学などの分野で専門知識を持つ技術者を認定する非営利団体です。iNARTE は、EMC 技能者認定（EMC Technician Certification）、EMC 技術者認定（EMC Engineer Certification）、EMC 設計技術者（EMC Design Engineer）など、さまざまなレベルの認定プログラムを提供しています。iNARTE の EMC 認定は、業界での信頼性が高く、国際的に認められています。この認定を取得することで、EMC 分野でのキャリアの発展や仕事の機会の拡大に役立つことが期待されます。

EMC 専門家の役割を箇条書きに説明します。

1) 設計段階での助言：

電子機器の設計段階で、EMC の考慮事項に関する助言や指導を提供します。適切な筐体設計やシールディング、グランディング、プリント基板のパターン設計や筐体内部配線ルーティングなどの設計上の決定を支援します。

2) 試験と評価：

電子機器が上市される国や地域の EMC 規制を調整し、対応すべき EMC 試験や測定を立案し、その試験を実施するに相応しい試験機関に試験を依頼します。具体的には、放射エミッション、伝導エミッション、放射 RF イミュニティ試験、伝導 RF イミュニティ試験、高電圧パルス試験（静電気、電気的トランジェント、サージ）など、適切な試験を選定して実施し、結果を評価します。

3) トラブルシューティング:

　EMC に関わるトラブル（使用・設置現場での機器相互間の電磁干渉、電磁的な外的要因による障害、など）が発生した場合、問題の特定と解決策の提案を行います。問題の分析や調査を行い、適切な対応策を検討します。

4) 規制適合性の確保:

　電子機器が上市される国や地域の法規制に適合しているかを調査するためには、その法規制を理解し、対象となる電子機器に適用される法規制を探し出さなければならない等、とても煩雑な作業となります。電子機器の特性を理解し、適用される試験標準に適合しているかどうかを確認し、必要な証明書や評価レポートを作成します。規制当局や認定機関とのコミュニケーションを行い、適切な対応を行います。

5) 最新の技術とトレンドの把握:

　ものづくりの技術動向に常に関心を有し、EMC 技術動向や標準規格のトレンドについて常に学習し、業界内での専門知識を更新し続け、設計ツールや電磁界解析のアプローチを導入し、問題解決に役立てます。

　EMC 専門家は、電子機器の信頼性と品質を確保するために欠かせない存在です。彼らの専門知識と経験によって、電子機器の EMC を最適化し、市場への投入を支援します。

索引

あ
アンテナ · 116

い
イミュニティ · 3
イミュニティ試験 · 77

え
エミッション · 3, 4
エミッション測定 · 76

か
雷サージイミュニティ試験 · · · · · · · · · · · · · · · 78

き
擬似電源回路網 · 91
技術者 · 87
狭帯域ノイズ · 108

く
グランディング · 6, 41
クロストーク · 26, 61

こ
校正 · 86
広帯域ノイズ · 108
国際電気標準会議（IEC）規格 · · · · · · · · · · · 16
国際標準化機構（International Organization for Standardization） · 11
コモンモードインピーダンス · · · · · · · · · · · · · · 9
コモンモードノイズ · · · · · · · · · · · · · · · · · · · 62
コモンモードフィルタ · · · · · · · · · · · · · · · · · 53

さ
最終測定 · 126

し
シールディング · 5, 42
シールディングの原理 · · · · · · · · · · · · · · · · · 51
シールドルーム · 86
始業前点検 · 96, 118
準尖頭値検波 · 90

商用周波数磁界 · 78

す
垂直基準面 · 98
スイッチング電源 · 53
水平基準金属面 · 97
水平基準面 · 104
スペクトラムアナライザ · · · · · · · · · · · · · · · 96

せ
正規化サイトアッテネーション · · · · · · · · · · · 113
静電気放電（ESD）イミュニティ試験 · · · · · · 78
セラミックコンデンサ · · · · · · · · · · · · · · · · · 61
前置増幅器 · 116

た
卓上装置 · 99

て
ディファレンシャルモードノイズ · · · · · · · · · · 65
ディファレンシャルモードフィルタ · · · · · · · · 53
テストレシーバ · 96
電界吸収率 · 52
電界透過率 · 51
電気的ファーストトランジェントバーストイミュニティ試験 · 78
電気用品安全法 · 75
電源変動、瞬停試験 · · · · · · · · · · · · · · · · · · · 78
電磁干渉 · 73
電磁障害の例 · 137
電磁波障害 · 73
電磁波ノイズ · 74
電磁両立性 · 3
伝導 RF 電磁界イミュニティ試験 · · · · · · · · · 78
伝導エミッション · 77
電波暗室 · 85
電波のばく露 · 164
電波法 · 75

に
認証 · 84

の
ノイズフィルタ · 5

− 188 −

は
ハイインピーダンスプローブ ・・・・・・・・・・・・・・・・95

ひ
非電離放射線 ・・・・・・・・・・・・・・・・・・・・・・・・・166
品質管理 ・・・・・・・・・・・・・・・・・・・・・・・・・・・・147

ふ
フィルタリング ・・・・・・・・・・・・・・・・・・・・・・・・・5
フェライトコア ・・・・・・・・・・・・・・・・・・・・46,56
フェライトビーズ ・・・・・・・・・・・・・・・・・・・46,56
プリアンプ ・・・・・・・・・・・・・・・・・・・・・・・・・116
プリント基板 ・・・・・・・・・・・・・・・・・・・・・・・・59

へ
平均値許容値 ・・・・・・・・・・・・・・・・・・・・・・・・・90

ほ
放射 RF 電磁界イミュニティ試験 ・・・・・・・・・・・78
放射エミッション ・・・・・・・・・・・・・・・・・・・・・77

ゆ
床置型装置・・・・・・・・・・・・・・・・・・・・・・・・・・102

よ
予備測定 ・・・・・・・・・・・・・・・・・・・・・・・・・・・124

A
AMN ・・・・・・・・・・・・・・・・・・・・・・・・・・・・・・97

C
CE マーク ・・・・・・・・・・・・・・・・・・・・・・・75,84
CISPR（国際無線障害特別委員会）・・・・・・・・・・10
CISPR（国際無線障害特別委員会）規格 ・・・・・・14

E
EMC 規格 ・・・・・・・・・・・・・・・・・・・・・・・10,80
EMC 試験 ・・・・・・・・・・・・・・・・・・・・・・・・・・83
EMC 試験所 ・・・・・・・・・・・・・・・・・・・・・・・・85
EMC 指令 ・・・・・・・・・・・・・・・・・・・・・・・・・・75
EMC テスト ・・・・・・・・・・・・・・・・・・・・・・・・・10
EMF・・・・・・・・・・・・・・・・・・・・・・・・・・・・・161
EUT ・・・・・・・・・・・・・・・・・・・・・・・・・・・・・・97

F
FCC 規則・・・・・・・・・・・・・・・・・・・・・・・・・・・75

FCC マーク ・・・・・・・・・・・・・・・・・・・・・・・・・84

I
ICAO（国際民間航空機関）・・・・・・・・・・・・・・・11
IEC（国際電気標準会議）・・・・・・・・・・・・・・・・10
iNARTE ・・・・・・・・・・・・・・・・・・・・・・・・・・185
ISM 機器・・・・・・・・・・・・・・・・・・・・・・・・・・・89
ISO/IEC 17025 ・・・・・・・・・・・・・・・・・・・・・・86
ITU-R（国際電気通信連合無線通信部門）・・・・・10

N
NSA ・・・・・・・・・・・・・・・・・・・・・・・・・・・・・114

V
VCCI マーク ・・・・・・・・・・・・・・・・・・・・・・・・84

W
WHO ・・・・・・・・・・・・・・・・・・・・・・・・・・・・164

▶ 著者紹介

■ 著者紹介 ■

泉 誠一（いずみ せいいち）

1978 年 3 月に大阪電気通信大学・工学部・電子工学科を卒業し、同年 4 月に業界団体へ入職。産官学共同調査研究に従事（ハイブリッド IC 開発、カスタム IC 開発、ホームバスシステム開発）、その後、EMC 試験業務に従事（FM/TV 受信機、小電力無線機器、PC および周辺機器、ワイヤレス LAN 機器、他）。2016 年 4 月に長岡技術科学大学大学院技術経営研究科システム安全専攻へ進学し 2018 年 3 月に修了、システム安全修士（専門職）の学位を取得。2018 年 3 月に前職を退職し現在に至る。電気学会会員、電子情報通信学会会員、ISO/IEC 17025 試験所審査員。京都府中小企業特別技術指導員、関西広域産業共創プラットフォームアドバイザー。

●ISBN 978-4-910558-36-3　　嶋村 耕平／松倉 真帆／菅沼 悟／溝尻 征　著

エンジニア入門シリーズ

基本から学ぶ マイクロ波ワイヤレス給電
回路設計から移動体・ドローンへの応用まで

定価4,620円（本体4,200円＋税）

1章　マイクロ波ワイヤレス給電　～Historyと最新の研究～
- 1.1　はじめに
- 1.2　マイクロ波ワイヤレス給電のこれまでの歴史・研究
- 1.3　要素技術の発展の歴史
- 1.4　近年の研究開発動向
- 1.5　各周波数帯域に対する身の回りの電磁波利用

2章　マイクロ波ワイヤレス給電の基礎
- 2.1　空間中の電磁波の伝播
- 2.2　電磁波の伝播手段と伝播モード
    - 2.2.1　導波管（WG: Wave Guide）
    - 2.2.2　同軸ケーブル
    - 2.2.3　高周波伝送路
- 2.3　伝送線路理論
- 2.4　λ／2，λ／4線路
- 2.5　Sパラメータ

3章　マイクロ波源の設計
- 3.1　マイクロ波電源の全体概要
- 3.2　増幅回路の電力利得
- 3.3　ドレイン効率と電力付加効率（PAE）
- 3.4　小信号利得（線形領域）と大信号利得（非線形領域），P1dBとP3dB
- 3.5　マイクロ波増幅回路における増幅素子の周波数特性と最大可能出力
- 3.6　マイクロ波増幅回路のトレンドとベンチマーク
- 3.7　マイクロ波電源のシステム要件と設計構想
- 3.8　異常発振とK値
- 3.9　最大有能電力利得
- 3.10　増幅回路の動作モード
- 3.11　ソースプルとロードプル
- 3.12　多段増幅回路の設計方法
- 3.13　DCバイアス線路
- 3.14　増幅回路全体でのインピーダンス整合回路の設計
- 3.15　具体的なマイクロ波電源の設計手順

4章　マイクロ波ワイヤレス給電の受電側回路設計～アンテナ～
- 4.1　電気ダイポールとダイポールアンテナ
- 4.2　アンテナの評価指標
    - 4.2.1　放射パターンと利得（Gain）
    - 4.2.2　実効面積（Effective area）
    - 4.2.3　偏波
- 4.3　アンテナの遠方界放射
- 4.4　開口面アンテナ
- 4.5　マイクロストリップアンテナ（MSA）
    - 4.5.1　28 GHzパッチアンテナの設計手順例
- 4.6　アレイアンテナの設計
    - 4.6.1　4.5.1節の単体アンテナの4素子アレイ化

5章　マイクロ波ワイヤレス給電の受電側設計～整流回路～
- 5.1　理論RF-DC変換効率
- 5.2　シングルシリーズ・シングルシャント整流回路
- 5.3　28 GHz動作のF級負荷整流回路の設計製作
- 5.4　整流回路の性能評価
- 5.5　アンテナとの統合

6章　飛翔体への給電実験
- 6.1　飛翔体へのワイヤレス給電の歴史
- 6.2　回転翼UAVへのワイヤレス給電における28 GHzの優位性（2020年時点）
- 6.3　菅沼らによる飛行デモンストレーション実験と効率解析
    - 6.3.1　送電系・追尾システム
- 6.4　受電レクテナ
    - 6.4.1　アンテナ
    - 6.4.2　整流回路
- 6.5　UAV制御系
- 6.6　送受電効率の解析式
    - 6.6.1　ガウシアンビームとビーム収集効率 η_{beam}
    - 6.6.2　捕集効率 η_{cap}
    - 6.6.3　透過効率 η_{tra}
- 6.7　飛行デモンストレーション結果
- 6.8　慶長・茂呂らによる飛行デモンストレーション実験
    - 6.8.1　受電アンテナ：16アレーパッチアンテナ
    - 6.8.2　UAV制御：PI・PID制御の導入
    - 6.8.3　飛行デモンストレーション実験結果
- 6.9　UAVへのワイヤレス給電の実現可能性
    - 6.9.1　5.8 GHz・28 GHzの解析効率比較
    - 6.9.2　バッテリー性能との比較（2020年時点）

7章　未来のワイヤレス給電
- 7.1　超高周波ワイヤレス給電
- 7.2　大電力ワイヤレス給電
    - 7.2.1　大電力ワイヤレス給電で用いる発振源
    - 7.2.2　立体型の整流管

発行／科学情報出版（株）

●ISBN 978-4-910558-35-6

大塚 玲　監修
大坪 雄平／萬谷 暢崇／羽田 大樹／染谷 実奈美　著

エンジニア入門シリーズ

ゼロからマスター！
Colab×Pythonで
バイナリファイル解析実践ガイド

定価4,400円（本体4,000円＋税）

第1章　バイナリ解析に向けた
　　　　準備運動
　1.1　Pythonである理由
　1.2　プログラミング環境構築
　1.3　Pythonの基本
　1.4　Pythonでバイナリを扱う準備
　1.5　バイナリシーケンス型
　1.6　各種エンコード
　1.7　バイナリデータを扱う練習：
　　　　Base64相互変換関数の自作

第2章　バイナリファイルの操作
　2.1　バイナリファイルの読み書き
　2.2　ファイル全体の俯瞰

第3章　バイナリファイルの構造解析の
　　　　練習：画像ファイル
　3.1　バイナリファイルのファイル構造
　3.2　ファイル形式の判定
　3.3　BMP形式
　3.4　PNG形式
　3.5　JPEG形式

第4章　バイナリファイルの構造解析
　　　　実践編：コンテナファイル
　　　　（アーカイブ、文書ファイル）
　4.1　zip形式
　4.2　PDF形式

第5章　応用編1
　　　　バイナリファイル解析の
　　　　道具箱Binary Refinery
　5.1　Binary Refineryとは
　5.2　Binary Refineryのドキュメントとヘルプ
　5.3　入出力に使う機能
　5.4　データの表示に使う機能

　5.5　データの切り出しに使う機能
　5.6　バイナリと数値の変換に使う機能
　5.7　ビット演算に使う機能
　5.8　XOR演算関係の機能
　5.9　デコードとエンコードに使う機能
　5.10　圧縮関係の機能
　5.11　その他の機能
　5.12　演習：難読化されたPHPスクリプト
　　　　の解析

第6章　バイナリファイルの構造解析
　　　　実践編：実行ファイル
　6.1　解析用ファイルの準備
　6.2　ELF解析ライブラリ：elftoolsの準備
　6.3　ELFファイルの構造
　6.4　最初に実行されるプログラムコードの取得
　6.5　Pythonで逆アセンブル
　6.6　アセンブリコードの読み方入門

第7章　応用編2
　　　　バイナリ解析実践CTF
　7.1　CTFとバイナリ解析
　7.2　x86-64プログラムの解析
　7.3　Pythonバイトコードの解析
　7.4　本章のまとめ

第8章　応用編3　機械学習を用いた
　　　　バイナリ解析〜マルウェアの種
　　　　類推定を例に〜
　8.1　マルウェアとは
　8.2　機械学習とは
　8.3　マルウェア解析と機械学習
　8.4　特徴量の作成
　8.5　グラフニューラルネットワークを使用
　　　　したマルウェア分類
　8.6　独自のデータセットを作成する方法
　8.7　機械学習を用いたマルウェア分類にお
　　　　ける課題と展望
　8.8　まとめ

付録
　付録A　Pythonのバイナリデータ操作のチー
　　　　　トシート
　付録B　各数値表記とＡＳＣＩＩの対応表
　付録C　Colab以外の環境で使用できる便利な
　　　　　バイナリファイル解析ツール達

発行／科学情報出版（株）

● ISBN 978-4-910558-33-2　　　元 東海大学　坂本 俊之　著

設計技術シリーズ

―高信頼性・長寿命を実現する―
バッテリマネジメント技術

定価4,620円（本体4,200円＋税）

第1章　バッテリマネジメントとは
1. バッテリマネジメントに期待される技術課題
2. 各章の概要

第2章　EV・HEV用バッテリとマネジメントの考え方
第1節　リチウムイオン電池
1. 電池の構成部材と役割
2. リチウムイオン電池の充放電サイクル
第2節　全固体電池
1. 現行の電池における課題
2. リチウムイオン電池と全固体電池
3. 全固体化のメリットと可能性
4. 全固体電池の構成材料
5. 無機固体電解質と伝導イオン
第3節　バッテリマネジメントの考え方
1. 電動車両のバッテリマネジメントの概要
2. 基本となる電動車両のバッテリマネジメント
3. これから求められるバッテリマネジメント

第3章　バッテリ特性とマネジメント
第1節　バッテリの温度特性とマネジメント
1. 電池冷却の概要
2. 電池冷却における熱の伝達
3. 電池冷却の熱制御モデル
第2節　バッテリの充放電特性とマネジメント
1. 電池の充放電特性の位置付け
2. 電池の充放電特性
3. OCV解析
4. OCV解析の実際
5. リユース、リサイクル電池への適用

第4章　バッテリマネジメント制御
第1節　バッテリの長寿命制御
1. リチウムイオンバッテリのセルばらつき
2. インダクタンス素子でばらつきを解消する
3. インダクタンスとキャパシタンス素子でばらつきを解消する
第2節　劣化バッテリの復活制御
1. ニッケル水素バッテリの

モジュール内セル間ばらつきを解消する
2. リチウムイオンバッテリのセル間ばらつきを解消する
  2.1 リチウムイオンバッテリの3セル間ばらつき
  2.2 3セル間ばらつき解消の一般解析
  2.3 3セル間ばらつき解消の実データ解析（外部電源なし）
  2.4 3セル間ばらつき解消シミュレーション（外部電源なし）
  2.5 3セル間ばらつき解消の実データ解析（外部電源あり）
  2.6 3セル間ばらつき解消シミュレーション（外部電源あり）
第3節　バッテリの状態変数とバッテリマネジメント制御
1. リチウムイオンバッテリのエネルギを均等化する
2. 状態変数を使ってエネルギ均等化を可視化する
第4節　AI（人工知能）とバッテリマネジメント制御
1. AI技術の発展
2. ニューラルネットワーク制御
  2.1 ニューロン
  2.2 ニューラルネットワークのアルゴリズム
  2.3 交差エントロピー
  2.4 画像処理
3. 電池計測データとAIによる画像処理解析

第5章　交流インピーダンス法によるバッテリ劣化モデルと劣化診断解析
第1節　バッテリ等価回路によるバッテリ劣化モデル
1. リチウムイオンバッテリのACインピーダンス
2. SEI層を考慮したバッテリの電気的等価回路モデルとモデル計算
3. SEI層を考慮したバッテリの電気的等価回路のACインピーダンスシミュレーション
第2節　バッテリ劣化モデルによる劣化診断解析
1. 常温での実測とシミュレーション比較
2. 低温での実測とシミュレーション比較
3. シミュレーション特性
4. 等価回路定数とサイクル劣化

第6章　バッテリマネジメントシステムとの連携
第1節　バッテリマネジメントシステムとモータ制御
1. モータ制御における高速スイッチング化と電流の追従特性
2. DCブラシレスモータの制御
3. インダクションモータの制御
第2節　バッテリマネジメントシステムと太陽光発電システムとの連携
1. 太陽光自家発電システムと電力系統との連携
2. 太陽光自家発電システムと電力負荷マネジメント

第7章　マネジメント対象バッテリの将来展望と課題
1. 電池の市場と市場展開
2. ライフサイクルアセスメント
3. 全固体電池の技術的課題
4. 今後の研究開発の方向性

発行／科学情報出版（株）

● ISBN 978-4-910558-32-5　　　電気通信大学　曽我部 東馬　著

エンジニア入門シリーズ

Pythonではじめる量子AI入門
量子機械学習から量子回路自動設計まで

定価3,960円（本体3,600円＋税）

第1章　量子コンピューティングの基礎
1.1　量子コンピュータの歴史
1.2　量子コンピュータの種類と開発状況
1.3　量子コンピューティングの基本要素
　1.3.1　量子回路要素：量子ビットの表記
　1.3.2　量子ビットの基本演算
　1.3.3　量子回路要素：量子ゲート
　1.3.4　量子回路要素：2量子ビット以上量子ゲート
　1.3.5　量子回路要素：量子測定
　1.3.6　Pythonによる量子回路の作成
　1.3.7　Pythonを用いた1量子ビット量子回路コンピューティング
　1.3.8　2量子ビット以上のPython量子コンピューティング
1.4　量子アルゴリズム
　1.4.1　量子加算アルゴリズム
　1.4.2　量子もつれと量子テレポーテーション
　1.4.3　量子もつれとEPRパラドックス（ベルの不等式、CHSHの不等式）
　1.4.4　量子アルゴリズムの鍵：位相キックバック
　1.4.5　量子フーリエ変換アルゴリズムの実装
　1.4.6　量子位相推定アルゴリズムの実装
　1.4.7　Deutsch-Jozsa量子アルゴリズムの実装
　1.4.8　グローバーのアルゴリズムの実装

第2章　機械学習と量子機械学習の導入
2.1　機械学習の基本法則：バイアスとバリアンス
2.2　教師あり学習
　2.2.1　回帰と分類
　2.2.2　学習モデルと代表的なアルゴリズム
2.3　教師なし学習－特徴抽出・クラスタリング・次元削減
　2.3.1　次元削減とクラスタリングの等価性
　2.3.2　行列方式による次元削減手法：主成分分析
　2.3.3　競合学習クラスタリングによる次元削減
2.4　量子機械学習
2.5　NISQ時代における量子機械学習まとめ

第3章　量子機械学習アルゴリズムⅠ
3.1　情報エンコーディング
　3.1.1　基底エンコーディング
　3.1.2　振幅エンコーディング
　3.1.3　テンソル積エンコーディング
3.2　量子特徴マッピング
　3.2.1　量子カーネルの導入
　3.2.2　SWAPテストを用いた量子カーネル回路
　3.2.3　データエンコード回路を利用した量子カーネル回路
3.3　Harrow-Hassidim-Lloyd（HHL）アルゴリズム
3.4　量子状態ベクトル距離計算
3.5　ハイブリッド型量子k-meansクラスタリング手法
3.6　量子カーネルSVM法
3.7　量子回路学習アルゴリズムの実装と応用例

第4章　量子機械学習アルゴリズムⅡ
4.1　変分量子固有値ソルバー（VQE）の実装と応用例
4.2　量子近似最適化アルゴリズム（QAOA）の実装と応用例
4.3　AI駆動型量子回路自動設計
　4.3.1　量子回路設計のQOMDP手法の概要
　4.3.2　GHZ状態生成

付録
A　量子回路課題の解答
B　Google ColabでのQiskitのインストール方法および実行手順
C　式(1.65)の証明
D　式(1.74)の証明
E　有限差分法
F　同時摂動最適化法（SPSA）
G　量子部分観測マルコフ決定過程手法（QOMDP）
　G.1　クラウス行列
　G.2　QOMDP
　G.3　QOMDPにおけるプランニングアルゴリズム
　　G.3.1　価値関数
　　G.3.2　プランニングアルゴリズム
　　G.3.3　方策

発行／科学情報出版（株）

● ISBN 978-4-910558-31-8 　　　大阪公立大学　森本 茂雄・真田 雅之 著

設計技術シリーズ
省エネモータの原理と設計法
~永久磁石同期モータの基礎から設計・制御まで~
[改訂版]

定価4,620円（本体4,200円＋税）

第1章　PMSMの基礎知識
1. はじめに
2. 永久磁石同期モータの概要
　2-1 モータの分類と特徴／2-2 代表的なモータの特性比較
3. 固定子の基本構造と回転磁界
4. 回転子の基本構造と突極性
5. トルク発生原理

第2章　PMSMの数学モデル
1. はじめに
2. 座標変換の基礎
　2-1 座標変換とは／2-2 座標変換行列
3. 静止座標系のモデル
　3-1 三相静止座標系のモデル／3-2 二相静止座標系（α-β座標系）のモデル
4. d-q座標系のモデル
5. 制御対象としてのPMSMモデル
　5-1 電気系モデル／5-2 電気-機械エネルギー変換／5-3 機械系
6. 鉄損と磁気飽和を考慮したモデル
　6-1 鉄損考慮モデル／6-2 磁気飽和考慮モデル

第3章　電流ベクトル制御法
1. はじめに
2. 電流ベクトル平面上の特性曲線
3. 電流位相と諸特性
　3-1 電流一定時の電流位相制御特性／3-2 トルク一定時の電流位相制御特性／3-3 電流位相制御特性のまとめ
4. 電流ベクトル制御法
　4-1 最大トルク／電流制御／4-2 最大トルク／磁束制御（最大トルク／誘起電圧制御）／4-3 弱め磁束制御／4-4 最大効率制御／4-5 力率1制御／4-6 電流ベクトルと三相交流電流の関係
5. インバータ容量を考慮した制御法
　5-1 電流ベクトルの制約／5-2 電圧-電流制限下での電流ベクトル制御／5-3 電圧-電流制限下での最大出力制御／5-4 速度-トルク特性の概形と定数可変モータ

第4章　PMSMのドライブシステム
1. はじめに
2. 基本システム構成

3. 電流制御
　3-1 非干渉化／3-2 非干渉電流フィードバック制御／3-3 電流制御システム
4. トルク・速度・位置の制御
　4-1 トルクの制御／4-2 速度・位置の制御
5. 電圧の制御
　5-1 電圧形PWMインバータ／5-2 電圧利用率を向上する変調方式／5-3 デッドタイムの影響と補償
6. ドライブシステムの全体構成
7. モータ定数の測定法
　7-1 電機子抵抗の測定／7-2 永久磁石による電機子鎖交磁束の測定／7-3 d-q軸インダクタンスの測定

第5章　PMSM設計の基礎
1. はじめに
2. 永久磁石・電磁鋼板
　2-1 永久磁石／2-2 永久磁石の不可逆減磁／2-3 電磁鋼板／2-4 モータへの適用時における特有の事項
3. 実際の固定子巻線構造
　3-1 分布巻方式／3-2 集中巻（短節集中巻）方式／3-3 分数スロット、極数の組み合わせ
4. 実際の回転子構造
　4-1 永久磁石配置／4-2 フラックスバリア／4-3 スキュー

第6章　PMSMの解析法
1. はじめに
2. 磁気回路と電磁気学的基本事項
3. パーミアンス法
4. 有限要素法
　4-1 有限要素法の概要／4-2 ポストプロセスにおける諸量の計算
5. 基本特性算出法
6. モータ定数算出法
　6-1 d軸位置と永久磁石の電機子鎖交磁束 ψ_a／6-2 インダクタンス
7. S-T特性計算法
　7-1 基底速度以下／7-2 基底速度以上（弱め磁束制御）／7-3 基底速度以上（最大トルク／磁束制御）／7-4 鉄損の考慮／7-5 効率の計算

第7章　PMSMの設計法
1. はじめに
2. 設計のプロセス
3. 設計の具体例1（SPMSMの場合）
　3-1 設計仕様／3-2 設計手順
4. 設計の具体例2（IPMSMの場合）
　4-1 設計仕様／4-2 設計手順
5. 回転子構造と特性
　5-1 磁石埋込方法／5-2 埋込深さ／5-3 磁石層数／5-4 フラックスバリアの影響
6. 脱レアアースモータ設計
7. コギングトルク・トルクリプル低減設計
　7-1 フラックスバリア非対称化／7-2 異種ロータ構造の合成
8. 高効率化・小型化設計
　8-1 磁石配置による高効率化設計／8-2 強磁力磁石適用による高効率化・小型化設計／8-3 高速回転化・高性能磁性材料の適用による小径化・高効率化設計／8-4 ロータ機械強度向上設計／8-5 保磁力不足磁石適用時の耐減磁設計

発行／科学情報出版（株）

●ISBN 978-4-910558-28-8　　　　株式会社フルネス　古川 正寿　著

設計技術シリーズ

実践！Go言語とgRPCで学ぶマイクロサービス開発

定価3,960円（本体3,600円＋税）

第1章　本書の概要
1－1．サンプルアプリケーションの概要
1－2．サンプルプログラムについて
1－3．gRPCの概要
1－4．Protocol Buffersの概要

第2章　Protocol Buffers
2－1．本章で作成するプロジェクト
2－2．基本言語仕様
2－3．メッセージとフィールド
2－4．サービス
2－5．コード生成
2－6．メッセージから生成されたコード
2－7．サービスから生成されたコード

第3章　サンプルアプリケーションの概要
3－1．Command Service
3－2．Query Service
3－3．CQRS Client

第4章　ドメイン層の実装
4－1．ドメイン層の概要
4－2．値オブジェクト
4－3．Ginkgo V2を利用したテスト
4－4．エンティティの実装
4－5．リポジトリインターフェイス

第5章　インフラストラクチャ層の実装
5－1．インフラストラクチャ層の概要
5－2．データベース接続
5－3．Modelの生成
5－4．リポジトリインターフェイスの実装
5－5．リポジトリのテスト
5－6．fxフレームワークの依存定義

第6章　アプリケーション層の実装
6－1．アプリケーション層の概要
6－2．サービスインターフェイスとその実装
6－3．サービスのテスト
6－4．依存定義

第7章　プレゼンテーション層の実装
7－1．プレゼンテーション層の概要
7－2．データ変換機能
7－3．サーバ機能の実装
7－4．アプリケーション起動準備
7－5．依存定義
7－6．エントリーポイントと動作確認

第8章　Query Serviceの実装
8－1．Query Serviceの概要
8－2．ドメイン層
8－3．インフラストラクチャ層
8－4．プレゼンテーション層
8－5．エントリーポイントと動作確認

第9章　クライアントの実装
9－1．クライアントの概要
9－2．インフラストラクチャ層
9－3．プレゼンテーション層
9－4．エントリーポイントと実行確認

第10章　インターセプタ、Stream RPC、そしてTLS
10－1．インターセプタ（interceptor）
10－2．通信形式（RPCタイプ）
10－3．セキュアな通信

Appendix
APP－1．VS Codeと開発基盤の準備
APP－2．VS CodeでWSLに接続する
APP－3．データベース環境の構築
APP－4．IDLとGoコード生成プロジェクト
APP－5．サンプルアプリケーションプロジェクト

発行／科学情報出版（株）

● ISBN 978-4-910558-19-6

滋賀大学　笛田　薫　監修
滋賀大学　江崎　剛史
大阪経済法科大学　李　鍾賛　著

エンジニア入門シリーズ

Pythonではじめる異常検知入門
―基礎から実践まで―

定価3,850円（本体3,500円＋税）

第Ⅰ部　異常検知の準備
第1章　イントロダクション
　1－1　異常検知とは何か
　1－2　各章のつながり
第2章　異常検知のデータサイエンス
　2－1　得られたデータの見える化（可視化）
　2－2　得られたデータの数式化：回帰モデル
　　2－2－1　回帰モデルの構築／2－2－2　モデルの当てはまりの良さ
　2－3　交差検証法
　2－4　次元圧縮：主成分分析／2－4－1　主成分の導出／2－4－2　寄与率と累積寄与率／2－4－3　主成分スコア／2－4－4　因子負荷量と主成分の解釈
　2－5　ベイズの定理
　　2－5－1　事象の設定／2－5－2　事象の確率／2－5－3　条件付き確率／2－5－4　ベイズの定理
第3章　異常度と評価指数
　3－1　データに基づいた異常検知
　3－2　異常度：正常と異常を判別する客観的基準
　　3－2－1　異常度算出の例1：データ間の距離を参考に正常と異常を考える／3－2－2　異常度算出の例2：正規分布を仮定して正常と異常を考える
　3－3　異常検知の性能評価
　　3－3－1　正常データに対する精度／3－3－2　異常データに対する精度／3－3－3　分岐精度とF値／3－3－4　ROC曲線の下部面積
　3－4　この章で使用したPythonコード
第4章　距離に基づいた異常検知
　4－1　はじめに
　4－2　類似度（距離）
　4－3　距離に基づく異常検知のアプローチ
　　4－3－1　全てのデータ点との距離／4－3－2　最近傍（Nearest Neighbor）からの距離／4－3－3　k近傍（Nearest Neighbor）からの平均距離／4－3－4　k最近傍までの距離の中央値

第Ⅱ部　データの特性で
　　　　アプローチを決める
第5章　入出力の情報に基づくアプローチ
　5－1　通常状態からの乖離に基づく検知：ホテリングT^2
　　5－1－1　データが従う確率分布の仮定／5－1－2　異常度の算出／5－1－3　異常判別の閾値設定
　5－2　過去の傾向からの乖離に基づく検知：k-近傍法
　　5－2－1　データが従う確率分布の仮定／5－2－2　異常度の算出／5－2－3　異常判別の閾値設定
　5－3　特定の構造から外れたデータの検知：One-Class SVM
　　5－3－1　データを囲む最小の球を考える／5－3－2　異常度の定義／5－3－3　カーネルトリック／5－3－4　異常判別の閾値設定
　5－4　この章で使用したPythonコード
第6章　時系列情報に基づくアプローチ
　6－1　定常状態の時系列データの異常検知
　　6－1－1　前の時点との相関を調べる／6－1－2　異常度の算出／6－1－3　異常度判別の閾値設定
　6－2　非定常状態の時系列データの異常検知
　　6－2－1　差分をとって定常状態とみなせる形に変換する／6－2－2　異常度の算出／6－2－3　異常度判別の閾値設定
　6－3　この章で使用したPythonコード
第Ⅲ部　実践
第7章　異常検知の実践例
　7－1　複数入力データの異常検知
　　7－1－1　通常状態からの乖離に基づく検知：ホテリングT^2／7－1－2　特定の構造から外れたデータの検知：One-Class SVM／7－1－3　補足：ホテリングT^2とOne-Class SVMの違い
　7－2　時系列データの異常検知
　　7－2－1　気温データの時系列解析／7－2－2　補足：時系列モデルのパラメータ推定
第8章　補足
　8－1　Pythonのインストールと実行
　　8－1－1　Anacondaのインストール／8－1－2　Jupyter notebookを使ったインタラクティブ環境／8－1－3　簡単な計算／8－1－4　変数の型／8－1－5　データ構造／8－1－6　プログラムの基本（for文とif文）／8－1－7　データの可視化／8－1－8　ライブラリのインストール
　8－2　分岐ルールを作るアプローチ：Isolation Forest
　8－3　異常検知の理解に有用な文献・サイト
　　8－3－1　統計の基礎知識に関する書籍／8－3－2　一般的な統計に関する書籍／8－3－3　さらに進んだ統計の学習のための書籍／8－3－4　機械学習に関する書籍／8－3－5　データの可視化に関する書籍／8－3－6　Pythonの使い方に関する書籍／8－3－7　異常検知に関する書籍・Webサイト／8－3－8　データを使ったビジネス課題の解決のヒントになる書籍

発行／科学情報出版（株）

●ISBN 978-4-910558-24-0

神奈川工科大学　清原 良三・脇田 敏裕
金沢工業大学　徳永 雄一
株式会社不二工機　安井 大介　著

エンジニア入門シリーズ

自動車用ECU開発入門
システム・ハードウェア・ソフトウェアの基本と
AUTOSARによる開発演習

定価4,400円（本体4,000円+税）

1．自動車の電子制御システム
1.1　ECUの起源
1.2　ECUの分類
1.3　マイコン制御
1.4　ネットワークシステム
1.5　E/Eアーキテクチャと統合
1.6　機能安全
1.7　サイバーセキュリティ
参考文献

2．ECUのハードウェア
2.1　自動車の制御システムとECUの種類
　2.1.1　パワートレイン系：エンジンECU
　2.1.2　パワートレイン系：モータ制御ECU
　2.1.3　シャーシ系ECU
　2.1.4　運転支援・自動運転系ECU
　2.1.5　ボディ系ECU
　2.1.6　情報系ECU
2.2　ECUの数
2.3　ECUの構造
　2.3.1　全体の構造
　2.3.2　ECUの筐体
　2.3.3　ECUの搭載場所
　2.3.4　ECUのEMC
2.4　インタフェース
　2.4.1　ECU-センサ・アクチュエータ間通信
　2.4.2　ECU-ECU間通信
　　　　（CAN、LIN、Ethernet）
参考文献

3．ECUのソフトウェア
3.1　ECUソフトウェアの特長
3.2　ECUソフトウェアアーキテクチャ
　3.2.1　従来のソフトウェア開発
　3.2.2　割り込み処理
　3.2.3　リアルタイム処理
　3.2.4　状態遷移
　3.2.5　試験
3.3　モデルベース設計
　3.3.1　モデルベース開発とは
　3.3.2　自動コード生成
　3.3.3　モデルベース開発プロセス
3.4　開発プラットフォーム
　3.4.1　開発プラットフォームとは
　3.4.2　AUTOSAR
3.5　保守
　3.5.1　車載ソフトウェアの更新
参考文献

4．AUTOSARを使ったECU開発演習
4.1　AUTOSARについて
　4.1.1　AUTOSAR CPの紹介
　4.1.2　TOPPERSプロジェクトのAUTOSAR
　　　　関連ソフトウェアとAthrillの紹介
4.2　開発環境の構築
　4.2.1　WSL環境の構築手順
　4.2.2　Docker環境の構築手順
　4.2.3　演習用Dockerコンテナの構築手順
　4.2.4　コンテナの起動手順
　4.2.5　ソースコードのビルド手順
　4.2.6　ビルドしたソフトウェアの実行手順
　4.2.7　操作ツールの実行手順
4.3　演習と動作確認
　4.3.1　概要
　4.3.2　ベースソフトと動作確認
　　4.3.2.1　ソフトの構成
　　4.3.2.2　動作確認
　4.3.3　演習1
　　4.3.3.1　概要
　　4.3.3.2　演習内容
　　　　　　（左端の数字は行、下線太字は追
　　　　　　加・変更内容を表す）
　　4.3.3.3　動作確認
　4.3.4　演習2
　　4.3.4.1　概要
　　4.3.4.2　演習内容
　　　　　　（左端の数字は行、下線太字は追
　　　　　　加・変更内容を表す）
　　4.3.4.3　動作確認
　4.3.5　演習3
　　4.3.5.1　概要
　　4.3.5.2　演習内容
　　　　　　（左端の数字は行、下線太字は追
　　　　　　加・変更内容を表す）
　　4.3.5.3　動作確認
4.4　演習の振り返り

発行／科学情報出版（株）

エンジニア入門シリーズ

知識ゼロで読める！
EMC・ノイズ対策超々入門ガイド
EMC って何？から規格も対策も

2025年3月3日　初版発行

著　者	泉 誠一	©2025

発行者　　松塚 晃医

発行所　　科学情報出版株式会社

〒 300-2622　茨城県つくば市要443-14 研究学園

電話　029-877-0022

http://www.it-book.co.jp/

ISBN 978-4-910558-41-7　C2054

※転写・転載・電子化は厳禁

※機械学習、AI システム関連、ソフトウェアプログラム等の開発・設計で、
　本書の内容を使用することは著作権、出版権、肖像権等の違法行為として
　民事罰や刑事罰の対象となります。